U0192769

全世界孩子最喜爱的大师趣味科学丛书⑪

趣味星际旅行

TRAVEL AMONG THE PLANETS

〔俄罗斯〕雅科夫·伊西达洛维奇·别莱利曼◎著　焦 晨　李 赛◎译

中国妇女出版社

图书在版编目（CIP）数据

趣味星际旅行／（俄罗斯）雅科夫·伊西达洛维奇·别莱利曼著；焦晨，李赛译. —— 北京：中国妇女出版社，2020.3（2023.7重印）

（全世界孩子最喜爱的大师趣味科学丛书）

ISBN 978-7-5127-1807-4

Ⅰ.①趣… Ⅱ.①雅…②焦…③李… Ⅲ.①空间探索－青少年读物 Ⅳ.①V11-49

中国版本图书馆CIP数据核字（2019）第274505号

趣味星际旅行

作　　者：〔俄罗斯〕雅科夫·伊西达洛维奇·别莱利曼 著　焦晨　李赛 译
责任编辑：李一之
封面设计：尚世视觉
责任印制：王卫东
出版发行：中国妇女出版社
地　　址：北京市东城区史家胡同甲24号　　　邮政编码：100010
电　　话：（010）65133160（发行部）　　65133161（邮购）
网　　址：www.womenbooks.cn
法律顾问：北京市道可特律师事务所
经　　销：各地新华书店
印　　刷：北京中科印刷有限公司
开　　本：170×235　1/16
印　　张：13.25
字　　数：220千字
版　　次：2020年3月第1版
印　　次：2023年7月第8次
书　　号：ISBN 978-7-5127-1807-4
定　　价：39.00元

版权所有·侵权必究　（如有印装错误，请与发行部联系）

编者的话

　　"全世界孩子最喜爱的大师趣味科学丛书"是一套适合青少年科学学习的优秀读物。丛书包括科普大师别莱利曼、费尔斯曼和博物学家法布尔、动物学家汤姆森的12部经典作品，分别是：《趣味物理学》《趣味物理学（续篇）》《趣味力学》《趣味几何学》《趣味代数学》《趣味天文学》《趣味物理实验》《趣味化学》《趣味魔法数学》《趣味地球化学》《趣味星际旅行》《趣味动物学》。大师们通过巧妙的分析，将高深的科学原理变得简单易懂，让艰涩的科学习题变得妙趣横生，让牛顿、伽利略等科学巨匠不再遥不可及。另外，本丛书对于经典科幻小说的趣味分析，相信一定会让小读者们大吃一惊!

　　由于写作年代的限制，本丛书的内容会存在一定的局限性。比如，当时的科学研究远没有现在严谨，书中存在质量、重量、重力混用的现象；有些地方使用了旧制单位；有些地方用质量单位表示力的大小；有些数值直接取了近似值；等等。而且，随着科学的发展，书中的很多数据，比如，某些最大功率、速度等已有很大的改变。编辑本丛书时，我们在保持原汁原味的基础上，进行了必要的处理。此外，我们还增加了一些人文、历史知识，希望小读者们在阅读时有更大的收获。

　　在编写的过程中，尽管我们尽了最大的努力，但难免有疏漏，还请读者提出宝贵的意见和建议，以帮助我们完善和改进。

目 录

Chapter 11　飞行中的火箭力学 → 115

Chapter 12　星际旅行 → 127

Chapter 13　齐奥尔科夫斯基的方案 → 141

尾 声　迈向宇宙时代 → 193

附　录 → 195

引　子
通向星际的旅行

牛顿铺就的路途，

减轻了负重的辛苦。

从那时起，

便有了许多的发现，

相信终归有一天，

我们能在蒸汽的帮助下，

开辟通往月球的路。

——拜伦，《唐璜》，1823年

我们都曾经憧憬能够去其他的星球上旅游，期盼着能够在无边无际的宇宙中翱翔。在以前，每次讨论这个话题的时候，就仿佛几个世纪之前达·芬奇时代的人们提到航空一样虚无缥缈。当时谁都不敢想象，宇宙旅行这一天马行空的想法，也能够在不远的未来得以实现，就如同航空一样，曾经只是一种遐想，如今却已变为我们现实生活的一部分。星际飞船会冲破云雾，穿梭在宇宙之间，直至宇宙深处，而一直处于地球束缚中的人们，会被带到不只月球上，还有各种各样的其他星球——带到人类所认为的永恒无法到达的新世界——实现这样的梦想的日子即将来临。

　　在两三百年以前，航空还仅仅是虚幻的想象，在那个时期，我们认为在宇宙中飞行和在大气中飞行有着密不可分的联系。

　　然而现在，我们已经开启了空中旅行这一新纪元，我们如今能够盘旋在高山和沙漠的上空，也能够在陆地和大海的上空飞行，能够飞到极地，能够在空中绕行整个地球——总之，我们已经在航空这一领域取得了卓越的成就。不过，在实现冲向星际空间这一梦想的征途上，我们却没有取得突破性进展。

　　我们不得不承认，在空气中飞行和在宇宙的真空环境中翱翔，完全是两件不一样的事情。从力学的角度来分析，飞机之所以能够飞

行，原理其实和轮船、火车是类似的，火车的车轮会把铁轨推开，轮船的螺旋推进器会把水推开，那么飞机则是利用螺旋桨把空气推开。然而，在辽阔无垠的外太空中，缺少能够支撑飞行器运行的媒介。

这也就是说，我们需要找出一种新的飞行方法来达到星际飞行的设想。并且，我们还需要技术支持，设计出一种周围不用任何支撑点就可以在真空环境中控制前进的机械装备。

在空气环境中飞行与在大气层外的太空航行，这两者完全没有什么共性，因此，想要解决星际航行这个问题，科技工作者必须另辟蹊径，找到一条截然不同的途径。

Chapter 1
万有引力与地球引力

在开辟新道路之前，我们需要先来深入探讨一下万有引力的作用，因为它就是一道隐形的枷锁，把人们牢牢地束缚在地球表面。将来，星际航行家肯定也避免不了要着重和万有引力作用有密切接触。

引力和距离

我们先来讨论一种口口相传然而非常荒谬的观点。大家应该都听说过这样一个说法：地球引力存在"球形"的作用极限，也就是说但凡物体能够冲破这个极限，那么它就能够摆脱地球引力的束缚。这个说法是完全不对的，我们必须纠正过来。地球的引力作用（任何物体的引力作用都是类似的）是能够无限延伸的，根本不存在什么"球形"的作用极限，只是地球引力受到物体与地心距离的影响，随着距离的不断增大，地球引力会逐渐被削弱，如图1所

图1　万有引力作用受距离的影响（当距离增大2倍时，引力就会减弱至$\frac{1}{2\times2}=\frac{1}{4}$；当距离继续增大至3倍时，引力作用就会减弱到$\frac{1}{3\times3}=\frac{1}{9}$。同理，可以类推出其他距离对引力作用的影响。综上，可以得出结论：引力作用的大小和距离的平方成反比）

示，但是无论距离有多远，地球引力都不会完全消失。比如说，我们现在从地球飞往月球，随着我们距离月球越来越近，就会受到月球的引力作用，但是并不能说我们从某一个点开始就完全逃离了地球的引力作用，然后由月球引力来接棒；其实我们到达月球之后，月球引力和地球引力是同时存在的，只是由于我们距离月球球心更近，而与地心距离非常远，这时月球引力占主导作用，所以我们只能明显地感受到月球引力的作用，而忽略掉微弱的地球引力。

事实上，地球引力的确能够在月球表面发挥作用。我们可以根据地球上的情况来类比推理，地球上的物体除了主要受到地球引力作用以外，同时还受到周围星球，包括月球和太阳引力的影响，这一点通过每天早晚的海水在月球和太阳引力作用下所产生的周期性运动——潮汐能够得到印证。

不只星球之间存在相互吸引的力量，所有的物质都具有相互吸引的力量这一基本性质。即使是再微小的颗粒，无论它处于什么样的环境之中，无论它具有什么样的本性，相互吸引的力量这一性质是一定具有的。因此，我们可以无时无刻不在形状各异的物体上观察到这一性质所起到的作用。"比如，树上掉下来的苹果、坍塌下来的桥梁、结成块的土壤、潮汐现象、分点岁差 现象、行星运行的轨道以及轨道的摄动、大气的存在、太阳散发出的热量、天体引力能够辐射到的所有区域，甚至包括我们居

在天文学中指以春分点（或秋分点）为参考观测到的回归年与恒星年的时间差。

住的房屋、使用的家具的形状，我们日常生活所需，乃至我们人类的存在，这一切都取决于物体的这一基本性质。"英国物理学家劳治教授通过这些日常例子形象阐述了万有引力的作用。任意一个物体，组成它的随意两个微粒之间都存在相互吸引的力量，并且无论在什么时候、在什么条件下，两个微粒之间的相互吸引力都不会消失。相互吸引力只会因为两个微粒之间距离的增大而逐渐减弱。

引力和质量

物体之间相互吸引力能够达到多少呢？这取决于相互吸引的两个物体的质量有多大（如 图2 所示）以及两者相距的距离有多远，所以两者之间的吸引力可以小到微乎其微，当然也可以大到难以相信。

举例说明，有两个苹果，质量均为100克，两个苹果中心之间相距10厘米，它们之间的相互吸引力

图2　万有引力作用受物体质量的影响（一个质量为1单位的物体对一个质量同为1单位的物体的吸引力是1单位，一个质量为2单位的物体对一个质量为1单位的物体的吸引力是2单位，一个质量为3单位的物体对一个质量为2单位的物体的吸引力是3×2=6单位，以此类推）

非常微弱，仅有 $\dfrac{1}{150000}$ 微克。很明显，这个吸引力根本连一根头发都无法拉直，更不能使两个苹果之间的距离有丝毫减小。

再比如，两个距离相隔1米的成年人，两者之间的相互吸引力是 $\dfrac{1}{40}$ 毫克（详见附录1）。在我们日常的生活中，这微弱得甚至不能拉断一根蜘蛛丝的吸引力，根本无法引起我们的注意。一个人想要挪动一下位置，就需要克服鞋子底部和地面之间产生的摩擦力，一个65千克重的人，需要克服的摩擦力是20千克，是前面提到的两个人之间的相互吸引力的8亿倍。所以，在我们平日的生活中，无法感受到周围物体之间的相互吸引力，也就不是什么奇怪的事情啦！

不过，倘若摩擦力不存在的话，两个没有任何支撑的人悬浮在真空环境中，这时没有外力去阻碍两者之间的相互吸引力，所以，无论这两个人是否愿意，在吸引力的作用下他们之间的距离都会缩短。不过他们会以极其缓慢的速度相互靠近，因为两个人之间的吸引力实在是太微小了。

相互吸引的两个物体的质量增大，能够明显增加两者之间的吸引力。根据牛顿的 万有引力定律 ，我们得知，两个物

> 艾萨克·牛顿在1687年于《自然哲学的数学原理》中发表。

体之间的相互吸引力正比于两者质量的乘积，而同时与两者之间相隔的距离的平方成反比。据此来计算，两艘战舰，重量均为25000吨，当两者相距1千米，一前一后航行时，两者之间的相互吸引力能够达

到4克。与前文提到的两个人之间的吸引力相比，这已经增大了十几万倍，然而，想要以此来克服水的阻力，使得两艘战舰之间的距离缩短，还差得太多。不过，即使所有的阻力都不存在，如此小的吸引力在1小时内也只能使得两艘战舰之间的距离缩小2厘米而已。

就山脉而言，也只有通过极为精确的测量才能发觉其引力。举一个例子，位于弗拉基高加索地区的悬锤，临近的高加索山会与其之间存在吸引力，从而使得悬锤偏离竖直位置37′。

太阳和行星的吸引力

不过，就本身质量超级大的太阳以及各大行星而言，就算它们相距的距离再远，也能够产生我们无法想象的巨大吸引力。

我们生活在与太阳相距甚远的地球上，然而正是由于两个星球之间巨大的吸引力，才使得地球能够在属于它自己的轨道上有规律地运行。倘若两者之间的巨大吸引力突然消失了，那么地球上的工程师们就需要设计出一条锁链来替代这个维持星球正常运行的吸引力，也就是说，我们需要通过锁链把地球绑在太阳上。在日常生活中，大家应该见过一种钢索，它是由钢丝绞成的，能够用于起重，这样的钢索每根能够承受的最大重量可达16吨以上。不过，大家能不能猜测一下，要是使用这种钢索来代替地球和太阳之间的吸引力，使得地球在固定的轨道上运行，总共需要多少根这样的钢索呢？这个数字可大到15位以上啊！你可能对这个抽象的数字没有概念，那我们来将这个超级大的吸引力具体化一下，也就相当于在地球面向太阳的所有区域内，每平方米要搭建70根钢索，你可以想象一下，这样的区域简直就如同一片密密麻麻布满这种钢索的"森林"。

由此可以看出，太阳对行星的无形吸引力是巨大的，如 图3 所示。

事实上，星际航行的实现完全没有必要阻断各个星球之间的这种联系，也不用让它们脱离亘古不变的运行轨道的束缚，宇宙航行家们只需要在未来的研究中着重讨论其他行星和太阳对一些较小物体的吸引力就可以了。最先要探究的自然是地球表面附近的重力强度，正是由于地球重力的束缚，才迫使我们停留在地球上。

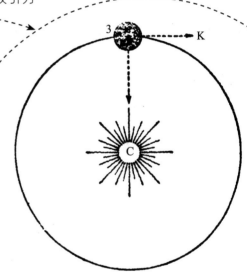

图3　太阳的吸引力对地球产生的影响（根据惯性定律，地球的运行路线原本应该是按照切线3K的方向移动，然而由于太阳的巨大引力，强迫地球改变了沿切线运动的轨迹，使得它的运行轨道变为曲线）

太阳
水星
金星
地球
火星
小行星

木星

土星

天王星

海王星

冥王星

图4 太阳和行星
之间的距离

我们兴致勃勃地想要先研究地球引力，并不是因为它会使置于地球上的任一物体给其支撑点施加压力。对我们而言，我们主要考虑的是倘若地球上的所有物体不存在支撑位点，那么地球引力就会"拉着"它们朝着地心运动。然而让人始料不及的是，无论物体的质量是轻还是重，它们在真空环境中朝地心运动的速度都保持着惊人的一致，在下落的第一秒末均为10米/秒。更严谨地说，应该是9.8米/秒的速度；这里按照10米/秒计算只是为了计算起来更简便。

●物体在真空中下落时，第一秒末的速度为10米/秒，当下落到第二秒末，这时的速度会在下落第一秒速度的基础上加快10米/秒，即增加了1倍的下落速度。随着时间的流逝，下落的速度会不断增加，最后以下落至地面为终点。以此类推，物体会以每秒增加一致数值——10米的速度下落。据此规律，当下落到第三秒末时，下落的速度可达30米/秒，到第四秒末时，下落速度是40米/秒，一直这样有序地增加。

●倘若是从下向上投掷某一物体，这时上升的速度变化趋势与前面讲述的下落速度趋势则是完全相反的，即下一秒的速度反倒比这一秒减少10米/秒。所以与一个物体被投掷出去的初始速度相比，投掷出去的第一秒末的速度减少了10米/秒，接下来第二秒末的速度会继续减少10米/秒，根据这个规律推导，当上升的速度不断减小，直至将初始速度消耗完之后，物体就会开始下降。当然，这个例子成立的前提是物体不会被抛到距离地球很远的位置，因为物体与地球相隔的距离越远，地球的吸引力就会相应弱化，就会使物体上升速度的减小趋势小于10米/秒。

看到上述数字的确会觉得很枯燥乏味，不过很多问题都能通过这些数字来说明。从电视中我们了解到，古代犯了罪的人，双脚会被一条挂着笨重铁块的铁链锁在一起，从而使得他们无法逃走，甚至举步维艰。事实上，作为生存在地球上的人类，我们仿佛也被挂着沉重铁块的隐形脚链束缚着，无法去辽阔无垠的宇宙世界中翱翔，而只能被禁锢在地球上。但凡我们用一点儿力气跳起来，地球的引力就会分分钟把我们拖回地球表面。而衡量把我们拖回地球表面的无形猛力的标尺就是我们下落的速度——每秒钟增加10米。

对于那些盼望能够在漫无边际的太空宇宙中自由翱翔的人们来说，只能在把他们牢牢束缚住的地球上生活真是无比遗憾。其实，与地球相比，许多星球上的重力作用都是较弱的。具体的数值如表1所示，以地球上的重力强度为参照（假设地球上的重力强度为1），比较

了其他星球上的重力强度。

表1　各星球重力强度

木星	2.6	水星	0.26
土星	1.1	冥王星	0.2
天王星和海王星	近1.0	月球	0.17
金星	0.9	谷神星	0.04
火星	0.4	爱神星	0.001

从上面表格的数值来看，倘若地球的重力强度像水星、月球，或者谷神星、爱神星那么微弱，人类应该早早就实现了星际航行，那么你现在看的这本书也就没有存在的必要了。

星际航行的两大难题

如此说来，为了星际航行的计划得以实现，我们需要解决现在面临的两个问题，一个是如何在真空环境中航行，另一个大难题是如何克服地球的引力作用。

根据这个思路，我们整理出3个对策来抵抗顽固的地球引力：

●尝试回避地球引力或将其掩蔽起来，从而使它的作用不能显现出来；

●尝试将地球引力的强度削弱；

●尝试克服地球引力产生的影响，而不从根本上使地球引力发生任何改变。

上述几种方法中，但凡能实现其中的任意一个，我们就能够挣脱地球引力的枷锁，在星际间自由地穿梭航行。

接下来我们会根据上面提到的解决思路，依次展示几种设计，它们都是遴选出来的最精彩、最引人注目和最有价值的。

Chapter 2
引力作用能
避开吗

引力无法穿透的物质

我们从小就对"任何物体被禁锢在地球上都是由于它自身的重量"这一事实习以为常，所以仅仅是在思想层面，我们想要摆脱重力作用都是很不容易的，更无法想象有一天地球引力完全消失之后的景象。美国科学家塞维斯曾经在他的一篇文章中描述过这个幻想：

倘若战争在决定胜败的紧要关头，我们能够释放出一种使地球引力作用消失的波，这种波所到之处就会混乱不堪。庞大的大炮会变得与肥皂泡类似，在空中轻飘飘地飞着。正在奋战的战士也会突然感觉身轻如燕，在天空中不受控制地飘荡着，然后可能降落在这种波作用范围以外的敌区。

这个场面看着的确很难让人信服，不过想起来还是会觉得很有趣。而且，人类但凡真的能够操控重力，真实情况就十分接近前面所描述的那样。

不过上述情景也都是天马行空想象出来的，所以完全没有必要去考虑什么任意支配地球引力这种荒诞的想法。目前我们想略微更改一下地球引力通过的路线都无计可施，更别说想要使地球引力消失了。地球引力是目前自然界已知的唯一无法阻挡的作用力。面对体积再大、密度再大的物体，引力照样能够穿透过去。据我们所知，目前地球上不存在任何物体是地球引力无法穿透的。

可是，倘若引力无法穿透的物体能够被具有卓越创造力的人类找到或者创造出来，我们能否通过这种物体来逃避地球引力作用，从而挣脱枷锁，在宇宙中自由自在地翱翔呢？

> 赫伯特·乔治·威尔斯（1866～1946），英国著名科幻小说家，其代表作有《时间机器》《星际战争》等。

英国小说家 威尔斯 有一部幻想小说《第一次登上月球的人》，行文过程中就把隔离地球引力这个思路发挥得淋漓尽致。小说中的主人公叫凯弗尔，他既是一位科学家，也是一个发明家，是制造出地球引力无法穿透的物质的人。这种物质被作者赋予了和主人公相关联的名字，叫"凯弗利特"。文中是这样描述的：

对于能否穿透辐射，每种物质基本上都具有不同的特性，可能这种辐射能够穿透，但是另一种就无法穿透。

拿玻璃来举例说明，可见光线能够任意穿透它，而不可见的热线就没有那么好的穿透力了；至于明矾就更极端

了，可见光线能够穿透，而不可见的热线则是完全无法透过它。与上述两个例子相反，当液态二硫化碳中溶有碘，这种溶液恰恰是只能透过不可见的热线，而把可见光线挡得严严实实，这个结论可以通过下述现象得到验证：用容器盛装上述溶液，隔着它只能感受到火焰的温度，而无法看到跳动的火苗。能够像通过空间一样自由地透过玻璃和上述溶液的各种电波，无法穿透金属，但是可见射线和不可见射线都能任意穿透金属。

任何物质都能够被万有引力或地球重力穿透，这是众所周知的。为了使光线无法照射到物体上，我们可以通过设置屏障来阻断光线；为了使无线电波无法影响物体，我们可以使用金属保护片来阻断无线电波。然而要想使物体避免太阳引力或地球重力的影响，恐怕目前我们是不可能找到这样一种屏障来截断引力或重力的。至于为什么在自然界中无法寻找出这种物质来阻断引力或重力，这个原因是很难解释清楚的。

不过凯弗尔对地球上不存在引力无法穿透的物质这一说法持怀疑态度，他相信截断引力的物质一定会在自己的努力下通过人工合成的方法制造出来。

对于具有丰富想象力的人来说，不难想到，有了截断引力的物质加持，可以说就拥有了一项超能力。

通过例子来说明一下，假如现在有一个重物需要被举起来，我们把一块用能够截断引力的物质做成的垫板放在重物下面，这个重物失去了引力作用，无论它多么庞大、多么沉重，我们举起它都能像拎起一根稻草一样容易。

小说中的主角为了能够飞往月球，利用他制造出来的这种神奇物质造出了一艘宇宙飞船。由于飞船前进的主要动力是依靠外部力量，所以飞船的内部并没有什么发动机，整体的构造都非常简单。关于这艘飞船，小说中是这样推述的：

首先，这艘飞船是球形构造，内部空间十分宽敞，装下两个人及行李完全没有问题。其次，飞船的壳是由一层厚玻璃和一层钢制作成的两层结构。为了保证正常生存，飞船中还配备了仪器来制备压缩空气、浓缩食物和蒸馏水等。球形飞船的外部被一层"凯弗利特"紧密地包裹着。飞船的玻璃内壳是浑然一体的，只有舱门可以打开。而飞船的钢外壳则像拼图一样，由一块块的钢板拼接，把飞船包裹起来，并且每一块钢板都类似窗帘，能够上下伸缩。当像窗帘一样的钢外壳完全拉下来，就能够把飞船严严实实地遮蔽住，任何光线、辐射或者地球引力都被隔绝在飞船外面。

想象一下，掀开其中一块钢板，而这时很巧有一个庞然大物与打开的窗口正对，我们的飞船就会被吸引到它

的旁边。根据这个思路，我们就能在宇宙世界任意遨游，去任何我们想去的地方，因为我们可以一会儿打开这块窗帘，被这边的星球拽走，一会儿打开另一块窗帘，被另一个星球吸引过去。

此外，这本科幻小说中描述的飞船起飞的情节更是趣味无穷。能够使飞船轻如鸿毛的原因是飞船外面包裹了一层"凯弗利特"。在空气海洋中，其底部是无法稳定地存在一些重量太轻的物体的，就像是一个处于湖底的软木塞，它会由于水的浮力而向水面上浮动。和这个道理类似，这时已经完全不存在重量的飞船肯定会一直向上浮动，直到飞到大气层以外，然后在真空宇宙世界中依靠惯性作用运动。小说中的主角能够使飞船飞起来，用的就是上述方法。当飞船完全逃离了空气海洋，在真空的宇宙环境中飞翔一阵儿之后，他们就会运用前面提到的方法：掀开一些窗帘来感受星球的吸引力。他们会先打开靠近太阳一侧的窗帘，太阳的引力会使飞船朝它运动，他们过一阵儿又会打开临近地球或月球的窗帘，地球或月球的引力会使飞船的运动方向改变，总之，最终他们会到达目的地——月球表面。使用相同的方法，他们又会平安地抵达地球表面。

如果不深究的话，上述的宇宙航行的方案方法是完全可行的，那么进一步，我们就会联想到星际旅行的问题是否也能通过这样的思路得以解决

爱因斯坦学说

呢？问题的关键就在于，那种用于制造星际飞船的、引力无法穿透的物质能否在自然界寻找出来或者被我们创造出来。其实只要我们仔细思考，就会发现这是一个不可能解决的问题。

寻找出一种物质来阻断引力作用，这件事情成功的希望有多么渺茫大家应该心里都有数。自然界中电子和质子是组成所有物质的基础微粒，但是即使它们再小，都是具有一定重量的，并且引力是可以穿透的。所以，我们想要通过这些基本粒子的任意组合得到引力无法穿透的物质，这显然是一种很荒诞的想法。

在现代的概念中，爱因斯坦学说（如图5所示）认为引

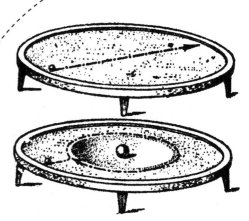

图5 爱因斯坦学说，即引力的本质在现代的概念

力是物质对周围空间性质的一种特别的作用力，它能够和物质邻近的空间形成一个曲度，而不认为引力是一种自然界的作用力。这个独具一格的见解能够用下面这个比方来细致地阐释：

首先，我们把一块布在一个圆形的箍上绷直，向这块布上扔一个质量很小的小圆球，毫无疑问它滚动的路线会是一条直线。但是，如果我们把一个大铅球放置在小圆球前进道路附近的布面上，由于它的重量太大，肯定会将布面重重地压到凹陷，就仿佛是一个盘子。我们再次从相同的方向把这个小圆球扔到布面上，它的前进路线就会受到凹陷部分的影响，所以不可能从铅球旁边沿直线运动过去，而是在斜坡上围绕着铅球转动，就和行星绕太阳运动类似。

爱因斯坦学说中对于这个观点的描述是：行星围绕太阳运动的原因是太阳邻近的空间有一定曲度，而并非是因为太阳对周围行星具有吸引力。

需要注意的是，上面这个通俗易懂的类比只是为了让大家更好地理解和记住这个抽象的概念。但是，从上述关于引力本质的观点来考虑，无论如何也是不可能找到能够屏蔽引力作用的物质的。不过，假设这种物质"凯弗利特"真的能够合成出来，假设按照威尔斯的科幻小说中的思路，飞船也能够成功制造出来，那接下来小说中描述的星际旅行的情节能否成真呢？我们对此也进行了研究。

做功的问题

威尔斯的小说中写道，如果我们把一块用能够阻断引力的物质做成的垫板放在重物下面，我们举起重物就能像拎起一根稻草一样容易。对于这种说法，大家应该也会持怀疑的态度。因为这相当于从一无所有中获取能量，完美地解决了永动机的问题！来做一个假设，我们已经拿到了能够屏蔽引力作用的物质，这时在重物的下方垫一块"凯弗利特"材料的垫板，那么拎起重物就可以丝毫不费力气。当我们举起这个失去重量的物体到任意高度，再拿掉它下方屏蔽引力的物质，那这个重物肯定会向下做自由落体运动，并且这个过程中肯定会做功。我们可以重复上述简单的操作，想重复多少次就重复多少次，2次，3次，4次，甚至成千上万次，这样不需要借助其他方式，就可以获取相应的能量。

由此来看，能够屏蔽引力作用的物质真是一种能够从一无所有中创造出能量的神奇物质，它不需要从其他地方借取等量的能量来产生新的能量。如果威尔斯的小说主人公在地球和月球之间往返的方法正如书中描述的那样的话，那么这个世界就能获得额外的能量。宇宙中

25

能的总量的增加值是人体从月球落到地球和从地球落到月球时引力所做的功的差值。和月球相比，地球的引力是相对较大的，因此，论两者做功的大小，自然是从月球落到地球时引力做功更大。虽然和宇宙本身储存的总能量相比，这些额外获取的能量简直是微乎其微，但毋庸置疑的是，以这种方式来获得能量严重违背了能量守恒定律这一自然界基本规律。

很明显，我们上述得到的结论是有悖于自然规律的，说明我们肯定在其中的某一个环节讨论得不对。至于问题是什么，仔细考虑一下也就能解释通啦！这个问题错误的点在于认为使用引力屏蔽材料使物体失去重量这一过程不会消耗能量，而并非使用引力屏蔽材料这个不存在逻辑漏洞的思路。第一个做功的过程是把重物放置到引力屏蔽材料上，第二个做功的过程是到达宇宙空间后"凯弗利特"窗帘的开合，这两件事情的完成都不可避免地要消耗能量，从一无所有中获取的能量恰好能够填补这里能量消耗的漏洞，至此，我们就解释了前文中遇到的令人匪夷所思的矛盾点。

当这本科幻小说中的主角把"凯弗利特"窗帘拉上，其实就相当于把飞船与地球之间的隐形锁链斩断了。想要计算出需要做多少功才能使锁链断开，我们就需要对这条锁链的强度有准确了解。而这里做功的大小是与将重物从地球表面运送至地球引力接近于0的无限远处所做的功相等的。

提到"无限"这个词，往往会给人带来一种神秘的感觉。不过呢，对于非数学家来说，在他们的印象中其实对这个词有一种极为错误的认识。当这些读者看到我上文提到的将重物运送至无限远处所做的功时，就会自然而然地觉得这个过程做了无限大的功。而其实这个功是一个有限的数值，即使这个功的确很大，数学家还是能够精确计算出具体的数值。对于从地球表面移动一个重物至无限远的空间所做的功，可以认为是一个无限数列相加的结果；然而，随着与地球相距越来越远，地球引力也逐渐减弱，无限数列中的每一项也都是递减的。虽然这个数列是由无数多项组成的，不过各项之和却是一个有限的数值。再通过以下的例子来解释，你先走出一步，再走出半步，接着持续走 $\frac{1}{4}$ 步，$\frac{1}{8}$ 步，$\frac{1}{16}$ 步，$\frac{1}{32}$ 步……按照这个规律走下去的话，即使你走一辈子，也不可能把两整步走完。我们就是通过这种类似的加法算法来对引力做的功进行计算的，所以关于无限远距离时做功的数值肯定是一个有限的数值，这一点大家也不必觉得出乎意料。通过计算可知，我们把1千克的重物从地球表面搬运到无限远以外的宇宙空间所做的功略小于600万 **千克力·米**。或许并不是所有人都能体会到这个过程所做的功究竟能够大到何种程度，那么我通过一些实际的数据来描述一下：一台机车（包括载重总计75吨）被起重机提升80米所做的功就和上述过程的做功数值是一样的。同样，这个数值与拥有100000 **马力** 轮机的巨大的现代海轮1秒内做的功是相

1千克力·米约等于9.8焦耳。

功率单位，人为约定1公制马力等于1秒钟把75千克的物体提高1米所做的功。

图6 埃菲尔铁塔作为法国巴黎城市地标之一，于1889年建成，总高约324米

等的。

接着，我们来进行更深入的分析。其实，把物体从地球表面运送至相距无限远的某一点，与把物体运送至地球引力为0但距离相对较近的某一点，两者之间的区别可以忽略不计。原因是什么呢？根据做功的定义，它的大小取决于起点和终点的引力差值，而与物体运动的途径是没有关系的，因此，上述两种情况实际上做功的大小是相同的。那么也就是说，把物体搬运到与地球距离无限大的地方，我们是在无限长的路程中做了这么多功；而相同大小的功我们却需要在把物体搬运到引力屏蔽材料上的几秒钟内完成。可想而

知，要完成后者的操作可以说是难于登天！

这么来看的话，威尔斯小说中月球之旅的幻想就只能化为泡影了。估计作者没有预估到把物体搬运到引力屏蔽材料上面这一任务在力学上的可行性如此之低。同样的道理，想要像关闭汽车窗户那么容易般合上飞船上的"凯弗利特"窗帘也可以说是天方夜谭，原因是这个过程中我们要做的功相当于把飞船内的乘客运送至无限远处所做的功。飞船内的两个乘客重量之和假设为100千克，那么，1秒钟内做出6亿千克力·米的功就是小说中的主角在合上窗帘的过程中要做的功。再来量化一下这个功的大小：合上窗帘就相当于我们需要向埃菲尔铁塔的塔顶运送40台机车，并且要在1秒钟之内完成。我们要是能够完成这件事情，别说合上"凯弗利特"窗帘了，我们纵身一跃就可以到达月球，连飞船都没有存在的必要了，这时星际旅行也就不是什么难事了。

经过以上的分析，想要通过威尔斯小说中的方法，也就是借助引力屏蔽材料来实现星际旅行，我们就会陷入逻辑学中"循环论法"的死胡同。引力屏蔽材料的使用必须克服地球引力，而这正是我们创造这类材料的目的所在。由此得出，想要实现星际旅行，发现或创造出引力屏蔽材料并不能达到这个目的。

Chapter 3
地球引力能变弱吗

地球改造
计划

既然没有办法完全让地球引力消失，那我们换个角度思考，是否存在削弱地球表面引力的方法呢？

从理论上来分析，这也仿佛是无稽之谈，万有引力定律的本质是说地球的质量才是决定地球引力大小的关键性因素，要想削弱地球引力，就需要让地球的质量变小，这是我们完全办不到的事情。但是，我们现在讨论的是地球表面的引力强度，这一变量可不仅仅取决于物体的质量，还和其到地心的距离（也就是地球的半径）密切相关。

根据这一思路，我们假设能够把地球变得蓬松，也就是使其体积增大，如果地球半径能够变为现在的2倍的话，那么根据万有引力定律的公式计算，地球表面的引力强度就会减弱到$\frac{1}{4}$。

在现实生活中，我们都是在地球的表面活动，所以地球半径增大到2倍的话，我们和地心（也就是引力中心，因为球体在吸引其表面物体的时候，就好像球心集中了整个球体的全部质量）的距离也就变为了原来的2倍。所以，如果这一改造计划能够实现，地球的表面积就会扩大4倍——我们简直是捡到了一个大便宜。这样，我们人类在地球表面生活的束缚就会减少4倍，轻松自在4倍……

不过，根据我们现阶段的科学技术水平，可能即使发展很多年，我们也无法实现这一改造计划。

除了万有引力定律以外，力学也能够为减弱地心引力提供新思路，即让地球自转的速度提高。地球自转会产生离心作用，就目前来看，这一作用

离心作用

能够使处于赤道上的物体重量比置于极地时减少$\dfrac{1}{290}$。再综合其他因素（例如地球在赤道附近有凸出来的部分，所以这里与地心的距离稍长一些），得到的结果就是所有物体的重量在处于赤道上时会比置于两极时减少0.5%。

●一辆重达60吨的机车现在在莫斯科，如果把这辆机车运送到阿尔汉格尔斯克，它的重量会多60千克，但是如果运到敖德萨，其重量就会减少60千克。

●一批煤的重量是5000吨，如果将这批煤从斯匹茨卑尔根运送到位于赤道的港口之后，工作人员依旧用斯匹茨卑尔根的标准弹簧秤来验收这批煤的话，就会发现莫名其妙少了20吨。同样的道理，重达20000吨的战舰现在位于阿尔汉格尔斯克，当它航行到赤道海域时，重量也会减少80吨，不过，这些重量的减轻我们是无法感知的，因为随着地理位置的移动，周围的其他所有物体的重量甚至海水的重量也都在同等程度上减小了。那么，造成重量变化的因素就是地球的离心作用，与地球上其他地方相比，赤道离心作用的强度更大一些，这是因为地球自转时，其他纬度上的点只能画出比赤道小很多的圆。

能够证明的是，假设我们能够使得地球自转的速度提高17倍，这时赤道位置受到的离心作用就会增大 $17 \times 17 \approx 290$ 倍。注意一下，就目前来看，离心作用能够"偷走"物体 $\dfrac{1}{290}$ 的重量，那么，如果地球的自转能够达到我们假设的速度，这时处于赤道上的物体的重量就相当于0了。这时，在赤道上的人轻轻用脚蹬一下地面，再起跳，就能够在宇宙空间中飞翔了。这样就很轻易地解决了星际航行问题。

但是反过来想，如果地球自转速度真的能够达到那么高，由于地球自转的惯性，我们就会完全不受控制地被扔到漫无边际的天空，只能在天空中流浪，到那时，我们追求的可能就是"地面旅行"，而对

"星际旅行"没有什么兴趣了。

当然，谈论上述这些我们完全无法完成的事情的确是扯远了。不过，就算地球能够如我们期望的那样高速自转，那在如此高速运动下，球形的地球势必会沿着赤道变扁，甚至会类似于高速旋转的磨盘，变成碎片散落在宇宙中。

> 这个观点在一些天文学家的著作（可参考乔治·达尔文的《潮汐》和罗伯特·鲍尔的《世纪和海潮》）中能够得到印证，他们认为在远古时代，地球其实已经经历了类似的高速自转，使得地球本身的完整性发生了变化。在很久很久以前，地球是一个体积比现在大得多的球体，由于自转速度极快，很大一部分物质由此脱落下来，这些散落在宇宙空间中的碎片就聚合、冷却、凝固，形成了我们如今看到的月球。

而星际旅行若是通过这种方法来实现，是要付出巨大的代价的……

Chapter 4
借助光波来
克服重力

通过前面章节的逻辑推理和分析讨论，我们知道，最初提出的几种跟引力做斗争的方法中，屏蔽引力和使地球引力减弱这两种方法是完全行不通的，它们对于解决星际旅行的问题并没有什么帮助。所有想要屏蔽引力作用的方法都是痴人说梦，绞尽脑汁地设计减弱地球引力作用的方案也是徒劳无功。那么寻找出能够克服引力的方法就成了离开地球的唯一途径。

光线的压力被发现

对于仅剩的这一条思路，可以有多种实施计划。而和前面提出的设计相比，毋庸置疑的是，这些计划更加有趣味性，毕竟在这些计划中不会有类似于"凯弗利特"的虚拟物质存在，也没有要使地球或者地球自转速度发生改变的想法存在。

通过光线的压力来实现星际航行是其中的一种计划。而对物理学比较陌生的人一定难以理解：为什么如此柔和的光线能够向被它辐射到的物质施加压力呢？这一

彼得·尼古拉耶维奇·列别捷夫（1866~1912），俄国物理学家，著有《光压实验研究》。

疑问的解决要归功于 列别捷夫 这

位天才的物理学家，光线的推力是他发现并且通过实验进行测量的，这是他最为卓越的学术成就之一。

任何能够发光的物体，都会施加压力到被它的射线辐射的物体上，这类发光体可以是点燃的蜡烛或灯泡，可以是能够散发万丈光芒的太阳或能够释放出肉眼不可见射线的黑暗物体。列别捷夫对太阳光照射到地球表面的物体所施加的压力进行了测量：规定以质量单位进行计算的话，那么每平方米上会受到约$\frac{1}{2}$毫克的压力。想要计算太阳辐射对整个地球的压力，我们只需要用 地球最大半径圆的面积 乘以$\frac{1}{2}$毫克。

> 我们要强调的是每平方米0.5毫克的光线压力特指光线垂直照射的这种情况。所以我们以0.5毫克乘以地球所受到太阳辐射的半个球面的表面积来计算是不正确的，而是应该按照力学的分合力原理对地球受到的总压力进行分解，可以得出：太阳垂直照射在一个半径为地球半径的圆盘上，圆盘受到的压力恰好等于地球受到的总压力。

根据上述分析，我们通过计算得到，太阳辐射对地球会产生大约60000吨的巨大压力。

我们的地球承受着太阳辐射施加的如此巨大的排斥力。单独来看，这是一个非常大的作用力，然而，世间的任何事物都具有相对性，当和太阳引力对比时，这个60000吨的排斥力就显得微乎其微，因为它甚至不足太阳引力的$\frac{1}{6 \times 10^{13}}$，所以它对地球的运动不可能有影响。在距离地球极其遥远的地方有一个星球，叫天狼星，它与地球相

隔之远从光线的传播时间可以看出：天狼星发出的光照射到地球上需要8年的时间！地球受到来自天狼星的吸引力高达1000万吨，远远大于太阳光的压力，然而即使吸引力这么大，我们在地球上依旧无法感知天狼星的作用力。而我们知道，其实一艘普通的巨型海轮的重量也就差不多是60000吨。（太阳光对于地球的排斥作用我们也计算过，这个60000吨的作用力会使得地球每年远离太阳2.5毫米。）

光线压力与引力的变化

不过，物体越小，光线压力与引力的比例越大，这是什么原因造成的呢？我们熟知的是引力的大小随着物质质量的增加而增大，而光线压力的大小是随着物体面积的增大而增大，知道了这两点就不难理解了。我们假设地球的体积缩小了，它的直径只有原来的一半大小。那么这时，地球的体积和质量会减小为原来的 $\frac{1}{2} \times \frac{1}{2} \times \frac{1}{2} = \frac{1}{8}$，表面积减小的程度较小，只减小到原来的 $\frac{1}{2} \times \frac{1}{2} = \frac{1}{4}$，而引力会随着地球质量的减小而减弱为原来的 $\frac{1}{8}$，光线压力随着地球表面积的减小降低为原来的 $\frac{1}{4}$。从这个例子我们能够得出：与光线压力相比，物体体积减小会使引力减弱的程度更大。也就是说，倘若地球体积再缩小一半的话，能够更占"便宜"的肯定还是光线压力。

引力和光线压力的变化趋势其实就相当于是三次方和二次方的不平等竞赛，如果持续比下去，引力和光线压力总能在地球缩小成一定程度的细小颗粒时达到平衡，这时两者作用力的大小趋于一致，也就是说光线排斥力会把受到相等强度的太阳引力抵消，使得这个细小颗粒不再向太阳运动。通过理论计算，这个细小颗粒满足以下3个条件时，上述所说的情况就能够发生的，这3个条件分别是：

● 球形；

● 密度与水相同；

● 球形的直径略小于 $\dfrac{1}{1000}$ 毫米。

我们接着思考，如果这个细小的球体颗粒还能够再小一些，这时光线的压力就能够反超引力的大小，那么小颗粒的运动方向也会从向太阳靠近而变为远离太阳。颗粒体积越小，它受到的光线的排斥力就会越强烈，不过，即使光线压力比引力大的部分很微弱，对本身质量更为微小的颗粒来说，它所受到的如此微小的光线排斥力也是足以使微小颗粒产生每秒钟几十、几百甚至几千千米的巨大运动速度的。

证明光线压力的实验

当大家阅读到后面的时候就会看到，想要把某一物体从地球表面运送到宇宙中，只需要使它的运动速度达到11千米/秒；而进一步要想使它在太阳系中自由航行，则需要使它具有17千米/秒的运行速度。也就是说，倘若现在一粒来自地球的微尘已经到达了大气层外，在那里，光线的压力会控制着它，使它从此远离地球，流落到宇宙空间中。它会在光线压力的作用下越飞越远，飞行速度也会逐渐加快，在越过火星、小行星、木星等星球之后，朝着太阳系的边缘飞去。

美国的两位科学家尼科耳斯和赫尔做过如 图7 所示的这个具有重大意义的实验。他们和列别捷

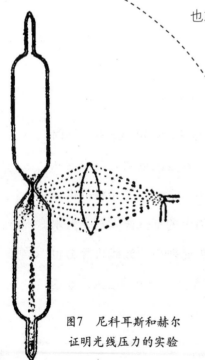

图7　尼科耳斯和赫尔
证明光线压力的实验

夫都在同一时期研究过 光线压力。

光线压力是列别捷夫在1900年发现的，而尼科耳斯和赫尔则是在1901年做了相关实验。

两位科学家在一根中部有细颈、形状类似于沙漏的真空玻璃管中撒入一些烧过的菌类孢子和金刚砂的混合粉末。烧过之后的菌类孢子会变成颗粒很小、质量很轻的炭末，这些炭末微粒具有不超过0.002毫米的粒径，并且密度仅仅是水的 $\frac{1}{10}$。所以，倘若这时用一束由放大镜汇聚而成的 强光 去照射混合微粒，这些炭末微粒会受到光束的排斥作用力。

与普通的光线相比，汇聚而成的这束光线具有更强的压力。

事实上，做出来的实验结果是：当使用弧光灯照射从细颈通过的菌类炭末和金刚砂的混合微粒时，质量较重的金刚砂粉末会垂直下落，而菌类炭末会受到推斥作用力，从而不会落下去。

利用光线压力这一原理，我们就可以解释，彗星 会拖着长长的尾巴这一奇特的现象是因为受到太阳的推斥作用。而远在3个世纪之前，行星体系的

图8　一般彗星由彗头和彗尾
两大部分构成

> 约翰尼斯·开普勒（1571~1630），德国杰出天文学家、物理学家、数学家。行星运动三大定律发现者。

奠基人、天才科学家 开普勒 就已经预料到了这一点，因此他留下了一篇和彗星相关的论文，其中是这样描述的：

以物质本身的性质来判断，当宇宙空间中透得过光线的彗头受到太阳光线的推斥作用时，由于光线会撞击且透过彗头，这时会有一些从彗星内部出来的物质，随着太阳光线穿透和照亮彗星体的运动途径出去……由于受到太阳光线推斥作用，彗星体的物质中总会有一些东西不断受到驱逐，而得益于彗尾形成的启发，我才找到了这个原因。大家熟知的是彗尾的形成与太阳光线的推斥力相关，并且彗尾的指向一直是与太阳所在的方向相反的。因此，对于太阳光线从彗头中驱逐出的物质形成了彗尾这一点是毋庸置疑的。

无法完成的设想

那这种作用力能否让人类实现星际旅行的梦想呢？其实我们只要打造出一艘面积和质量之比与被太阳光推斥的微粒一致的飞船就可以，完全没有必要让飞船的尺寸极其小。意思就是我们只要保证飞船的质量和表面积比微粒的质量和表面积大相同的倍数即可。

在一本天文学题材的小说中，主人公被运送到其他星球上就是通过上述的飞船实现的。根据小说的描述，飞船的船舱是使用最轻的材料铸造而成的，在船舱上还装有一面大而轻、可以自由旋转的镜子。当乘坐这艘飞船时，人们可以通过旋转镜子来调节镜子与太阳光线之间的角度，从而使得太阳光推斥作用力的大小发生改变，甚至使其完全消失而只受引力的影响。通过这种方法，他们来回在太空中多次旅行，连续参观了多个星球。

小说中描述的所有场景都引人入胜。但是通过精确的计算，我们意识到这种设计是不可能实现的。我们来大致计算一下，一块1平方米大小的镜子质量约为1千克，如果我们想要这块镜子在太阳光线压力的作用下达到在太阳系17千米/秒的自由运动速度，根据计算，只有在光

46

压作用下累积130年才能达到这个速度！

当然，我们制造镜子可以选择最轻的金属——锂。假设镜子的面积是1平方米，厚度是0.1毫米，那么质量就是50克。不算承载它的飞船，仅仅是这块镜子，其达到宇宙速度的时间能够缩短到$\frac{1}{20}$。然而，这也只是隔靴搔痒，对于实际问题的解决没有太大的帮助。因为显而易见，宇宙飞船不可能在速度变化如此缓慢的情况下运行。

这些年以来，一些宇宙飞船的设计把目光投向了光线压力，人们选择把强大的人工光源（而非利用外界光线）安装在飞船上，光的粒子——也就是光子，会通过人工光源喷射出来，光子的反作用力就可以推动宇宙飞船运动。光子火箭就是指这种飞船，它的飞行速度可以高达300000千米/秒，它只需要4.2年就可以飞到距离太阳系最近的恒星——半人马座的比邻星。原子核反应是现代人类已掌握的反应类型，从理论上来分析，想要创造出人工光源，我们可以想方设法在未来将原子核转变为光子，那么这种宇宙飞船的设计就能够实现。

至于说光线压力的推斥作用范围只限于地球以外的航天站，我们在后面"人造卫星"一章中再具体讨论。

而想要通过从地球向宇宙空间发射的无线电波来实现宇宙飞船的飞行依旧是无法完成的思路。因为即使在最佳的条件下，也仅有很小一部分的发射电波能够传递到大气层以外。想要推动星际航行飞船，如果太阳辐射的机械能都难以实现的话，那么地球上无线电波的辐射恐怕也只是九牛一毛，起不到什么实质的作用，也就更谈不上利用无线电波来操纵星际航行飞船了。

Chapter 5
乘着炮弹去月球
（理论篇）

　　既然天体一直以它们的力量阻挡着人类星际旅行的脚步，那么我们只能依靠强大的科技力量了。事实上，有很多自然界的障碍已经被科技力量所征服。如果我们想要在宇宙空间翱翔、探究别的星球，我们能否通过科学技术寻找出割断重力锁链的强大工具呢？

利用炮弹上天

　　法国小说家儒勒·凡尔纳具有的独特智慧是我们应该学习的，他从独特的思考角度提出了利用大炮这个杀人武器来"送活着的人上天"。可能很多人都无法理解这个思路，其实根据力学观点来分析，在人类所发明创造出的武器中，大炮是具有极强力量的。发射大炮时，当炮膛中产生的火药气体加到炮弹上，会产生每平方米2000～3000千克的巨大压力，比海洋最深处的强大水压还要大好几倍。我们来计算一下现代大炮做功的能力如何：就以功率的单位——马力来算，一门口径为40厘米的大炮能够以900米/秒的速度将重为600千克的炮弹发射出去。那么根据计算公式（$E_k=\dfrac{1}{2}mv^2$）计算出炮弹的动能能够达到24000000千克力·米。这种大炮几十分之一秒就能够做出如此巨大的功，我们可以据此得出其1秒钟所做的功，即功率高达10000000马力。而一艘巨型海轮（例如"欧洲号"）的发动机仅有100000马力的功率，具体一点说就是大炮的火药气体在1秒钟所做的功相当于100台巨轮发动机的功率。

通过上述理论计算，我们可以看出儒勒·凡尔纳提出的方法是有理有据的，通过大炮来实现到大气层以外航行是完全合理的。这种最有效的、最受欢迎的星际航行方案是他在小说中给我们留下来的宝藏。敢问大家在青葱少年时，谁没有幻想过跟随着他小说中的主角，乘坐着大炮去月球旅行呢？

这位已故的天才小说家在《从地球到月球》和《环绕月球》这两部作品中陈述的思路更值得我们拜读。然而读者的思维通常会被小说的故事情节所控制，从而对于小说最主要的意义不能客观正确地去评价，明明具有现实意义的部分被认为是想象的幻影，却坚定地认为一些天马行空的想法能够实现。事实上，小说家儒勒·凡尔纳的科学技术设计思路需要我们更进一步研究。

不得不承认的是，我的内心还是惶恐不安的，毕竟我现在在严谨剖析的是这位家喻户晓的小说家的代表作。这些著作发表以来，不仅获得了研究院奖金，并且成为全球青少年酷爱的文学作品。我年轻时能够对天文学产生浓厚的兴趣，就要归功于这些书的启蒙与引导；并且我觉得，肯定还有成千上万的读者和我有着相同的经历。因此，我想追随着 查理·威廉 ——小说

详情参见查理·威廉的著作《力学初阶》的最末一章。

49

家儒勒·凡尔纳的天才同胞、著名物理学家的脚步，把凡尔纳诗一般的创作进行深入解剖。

考虑到这些，我的心境也能平静一些了。

科学不会残酷地把我们想象力的"翅膀"折断，让我们在日常生活中屈服。假如科学家缺少了想象力的相助，无法跳脱出可见世界的限制，那么他们将不会创造出想象力丰富、难以捉摸的形象，寸草不生的撒哈拉大沙漠就会覆盖世界上的科研天地。因此，科学是离不开想象力的，否则科研的道路就会举步维艰；科学也离不开幻想的滋养，然而，我们应该科学地幻想，对于想象出的形象要能够尽量精确地描述出来，而并非空想。

所以，严谨地探讨儒勒·凡尔纳的小说并不是要将现实和幻想置于两个完全对立的角度，而是科学的想象和毫无边际的空想这两种想象类型的竞争。这场没有硝烟的战争的胜利总会属于科学，原因并非是小说家幻想得太多，而刚好相反，正是他们没有彻底地把思维中的形象构筑出来，终究还是想象得不够。由于儒勒·凡尔纳在小说中没有完整地描述出星际航行的想象图，因此所有空缺的细节需要我们来补充完全。倘若整幅图像有一些补充得不够完美的部分，也不能把过错全部归结于我们。

对于大家还都记着的小说情节我就不再赘述啦，我接下来把儒勒·凡尔纳小说中我们最感兴趣的一些主要内容简要讲述一下：

将炮弹发射到月球

19世纪60年代，一个科学实验轰动了整个世界，在科学史上，这是一个前所未有的、极其神奇的实验。美国南北战争之后，一个由炮兵组成的大炮俱乐部在巴尔的摩成立，俱乐部的会员们突发奇想，要和月球来往，并且向月球运送一颗炮弹。巴尔比根——俱乐部主席、此项事业的发起人，和剑桥天文台（位于北美）的天文学家经过密切探讨之后，为了保证此次不寻常活动的成功实现，计划采取一些必要的措施。

按照天文台工作人员给出的指示，南纬或者北纬 $0°\sim28°$ 之间的区域是发射这颗炮弹的最佳位置，因为在这个区域向月球发射是正对着天顶。假设使这颗炮弹发射的初始速度为16000米/秒，那么为了让它恰好在月球处

于近地点（就是和地球距离最近的地方）时，也就是在12月5日夜12点整到达目的地，那么我们倒推的话，飞行时间需要约4天，也就是需要在12月1日晚10点46分40秒将其发射出去。

接着俱乐部主席巴尔比根设计了具体的实施方案：

●制造一枚直径275厘米，弹壁厚30厘米，重90吨的铝质榴弹作为炮弹；

●直接在地上用生铁铸造出一架长为275米的大炮；

●将107吨火棉装入弹药筒内，它们点燃后能够产生的气体量高达60亿升，因此把炮弹送上月球是一件轻而易举的事情。

具体的方案设计出来之后，巴尔比根又谨慎挑选了一块地方，在这里顺利完成了大炮铸造工作。

当任务完成到这部分时，一件事情的出现让大家对于实施这个计划的兴致提高了千百倍。

> 阿尔唐是这位幻想家在小说中的名字，这个人物的创作原型是著名法国航空家兼摄影家纳达尔。

一位智勇双全的法国 幻想家，他想要被装进炮弹中，然后被运送到月球上去，因为他对这颗星球充满好奇，想要去参观这颗地球的卫星。此外，阿尔唐还充当调解员，让巴尔比根主席和他的死敌尼柯尔船长化干戈为玉帛，而作为言归于好的保证，他还说服了这两人与他一起飞往月球旅行。阿尔唐还建议将炮弹的形状更改为一头是圆锥形的圆柱体，这个建议也得到了采纳。为了减弱炮弹发射时对舱内人员的冲击力，还在炮弹的外部安装了强力弹簧以及易碎的隔板。最主要的，他们还带了足够一年食用的食物，够几个月饮用的水，以及够几天使用的煤气。至于这3位乘客呼吸所必需的空气，则是由专门的特制自动设备制造与输送。

12月1日，非常多的参观群众都聚集在了这里，想要见证这神奇的时刻。到了预设的时间，炮弹就开始飞行了——3个飞行人员胸有成竹地认为到达目的地是一定可以实现的，而在历史上，这是他们首次飞离地球，开启新的宇宙空间航行。

当然，我们不可避免地要讨论把炮弹发射到月球上这个设计方案可行性到底有多大。对于"给某物体一定的初始速度，将它投掷出去之后它就可以永远挣脱地球的束缚"这个想法，我们很多人都会觉得荒诞，因为我们大家都习惯了"任何抛出去的物体再回到地球上是必然的"这一想法。因此，对于儒勒·凡尔纳提出的利用大炮把炮弹发射到月球上去的独特思路，这些古板的人会认为是毫无根据的。那么，我们给地球上某物体一定的速度使得它永远逃离地球，到底能不能实现呢？从力学的角度分析这个问题，得到的答案是肯定的。

牛顿的观点

这里我们就需要通过引用牛顿的著作《自然哲学的数学原理》中的一些话来佐证上述观点了。这本书是现代力学和天文学的奠基之作，其中在第一卷，第一部分，定义5中是这样阐述的：

如果山顶上有一门大炮，现在它利用火药水平射出一颗铅弹，它会沿着曲线飞行2里之后才落到地面上。假设空气中不存在阻力作用，那么铅弹飞出去的距离会随着发射速度的增大而成比例增加，比如，初始发射速度增大2倍，那飞行距离也会是原来的2倍；以10倍的速度发射，就会飞出10倍远。想要增加飞行距离，显而易见的办法就是增大发射速度。与此同时，我们把飞行曲线的曲度减小的话，就可以使炮弹落到10°、30°、90°的距离处，从而使得炮弹绕地球运动，更甚者还可以飞进宇宙空间，一直飞翔到无限距离以外。

1里等于500米。

如此来说的话，如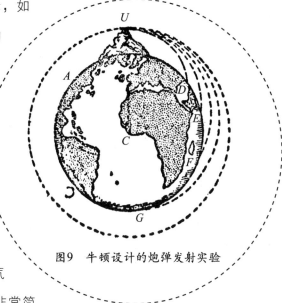所示，如果大炮发射的炮弹能够按照牛顿的这个设想路线运行，保持一定的速度就可以使得它一直绕地球旋转，就类似于一个小型月亮一样。想要使得炮弹按照这样的方式飞行，我们要计算出所需初始速度的大小。虽然得出的计算结果可能会非常奇妙，然而，在不考虑空气阻力的情况下，计算方法其实是非常简便的。

图9 牛顿设计的炮弹发射实验

在计算出这个初始的发射速度之前，我们必须先探究明白一个问题，那就是水平发射出去的炮弹为什么总是会降落到地球表面。原因是炮弹的飞行路线受到地球重力的影响，地球重力作用会使得炮弹偏离原来的直线飞行路线而变成沿曲线飞行，地球表面则是这条曲线另一端的终点。然而，假如我们使得炮弹飞行曲线的曲度减小到等于地球表面的曲度，这时，炮弹就会沿着半径大于地球的同心圆做圆周运动，永远无法再回到地球表面。这个设想只有在炮弹具有足够的速度时才可以做到，所以我们还是需要计算其到底需要多大的速度。

大家看一看 图10 的这个地球剖面图。

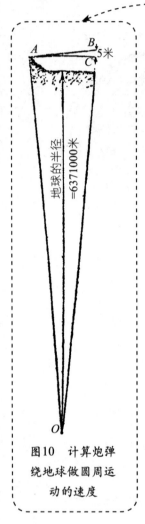

图10 计算炮弹绕地球做圆周运动的速度

假设不存在地球引力的影响，A点上的大炮沿着切线发出炮弹，仅需要1秒钟，它就可以到达B点。然而，重力作用的存在会使这个过程发生改变，重力作用使得炮弹在1秒钟之后到达比B点低一点的位置，所有物体发生自由落体运动在第一秒中降落的距离恰好等于炮弹所降低的这段距离，也就是5米。如果炮弹在下落了5米之后与地面的距离仍和它在A点时一样，那么炮弹将会沿着与地面平行的轨道进行圆周运动，而不会慢慢靠近地面，也不会渐渐远离。这个结果也正是我们希望的。

接下来，我们想要得到炮弹每秒钟的速度，只需要求出炮弹在1秒钟所经过的路程，也就是AB之间的距离。这里的计算需要运用勾股定理，在直角三角形ABO中，地球的半径即为AO，所以长度为6371000米，CO=AO，而下降的距离，即BC=5米，所以BO=6371005米。

根据勾股定理的公式，有 $6371005^2=6371000^2+AB^2$。

因此，很容易得到AB为7900米，运动速度也就是7900米/秒。

通过上述计算可以看出，在大气阻力不产生影响的情况下，大炮只要能够使得炮弹以8千米/秒的初始速度发射出去，那么这颗炮弹就会一直绕着地球做圆周运动，不会再落到地球表面了。

倘若以8千米/秒的速度飞行，那么围绕地球飞行一周，再次回到起点的时间仅需要1小时23分钟，紧接着又会开始飞行第二圈、第三圈……这时，这颗炮弹就变成了围绕着地球的"月亮"，而与我们熟知的那个月亮相比，"炮弹月亮"距离地球更近，环绕速度更快。它变成了一颗真正意义上属于地球的卫星。而这颗卫星的一个"月"的时间总长仅有1小时23分钟。和地球赤道上的任意一点相比，这颗炮弹的运动速度是其17倍。

相信大家肯定都还记得我们前面设计星际航行的方案时提及的"地球自转会使其重量减轻"，那么对于发射出去的这颗炮弹无法回到地面上的原因，就会有清晰的理解了。

在前文中我们提到，想要赤道上的所有物体完全失去重量，就需要使地球的自转速度扩大17倍，而我们刚刚的计算得出，这颗炮弹的运行速度恰好是赤道上物体运动速度的17倍。

虽然只是 理论 上的构想，但是对于我们能够赠送给地球一颗体积虽小却是真实的卫星这件事情，人类还是应该感到自豪的。

当然迄今为止，人类已经创造出了人造地球卫星，而且能够通过火箭把它们运送到宇宙空间去。因此，这已经不仅仅是停留在理论上的想法了。

57

炮弹变卫星

在《从地球到月球》这本书中，儒勒·凡尔纳刻画出了一个热情的主人公——炮兵马斯顿，他对人类在炮弹设计领域展现出来的独特创造力进行了高度称赞。他是这样说的："炮弹这一伟大的发明创造，可以说给宇宙空间创造出了天体，所以炮弹可以被认为是天体的实质。"而对要被发射到宇宙空间的炮弹而言，这个比喻就更为贴切了。这种新型的炮弹卫星，如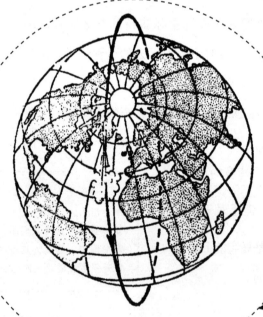图11

图11　炮弹成为人造地球卫星

所示，即使体积很小，也依旧被 开普勒三大定律 控制着，就和所有其他的天体是一样的。所以当炮弹能达到在宇宙中航行的速度，就可以说是真正的天体了，它也就不再是"属于地球"的物体了。

综上所述，想要把炮弹变成一个小型天体，只需要让它初始飞出的速度达到8千米/秒即可，这时它就能够不再受地球引力的控制，从而永远离开地球了。这时我们就会思考，假如炮弹的初始运动速度更大一些，又会怎么样呢？根据天体力学的理论解释，当炮弹以8千米/秒、9千米/秒、10千米/秒的初始速度水平发射出去时，它绕地球运动的路径将会变成一个椭圆，而并非做原来的圆周运动，并且当初始速度增大，椭圆也会相应被拉长，椭圆其中之一的焦点总会和地球的中心相重合。

随着我们进一步提高炮弹发射出去的初始速度，当速度高达11千米/秒时，炮弹的运行轨迹将会由椭圆变为一条不闭合的曲线——抛物线。再准确一点说，对这颗炮弹有影响的天体假设只有地球这唯一一个，那么炮弹的运行轨迹就是一条抛物线。但事实是，对炮弹有影响的还有太阳的强大引力，这样才能控制住它，不至于让它飞到漫无边际的宇宙远方去。为了防止炮弹恰巧落在太阳上，需要将发射速度和上述的保持一致，但是发射方向控制为地球公转的方向，这样炮弹将

开普勒第一定律，也称椭圆定律，每颗行星都沿各自的椭圆轨道环绕太阳，而太阳则处在椭圆轨道的一个焦点中。

开普勒第二定律，也称面积定律，在相等时间内，太阳和运动着的行星的连线所扫过的面积都是相等的。

开普勒第三定律，也称调和定律，各行星绕太阳公转周期的平方和它们的椭圆轨道的半长轴的立方成正比。

会像地球等其他行星一样，围绕着太阳做圆周运动。这样一来，这颗炮弹摇身一变，变成了太阳的卫星，从天文学的意义上来讲则是升高了一级，不再是地球的卫星，而变成了一颗独立的行星。因此，随着人类技术的进步，甚至能够为太阳系增添一个 新的小成员 了。

> 事实上，人类曾经创造出成为独立行星的宇宙火箭。

理论所需的初速度

前文中，为了方便讨论，我们设定所有物体都是被水平发射出去的。而天体力学证明，其实无论从什么方向发射出物体，甚至像儒勒·凡尔纳在小说中描述的那样正对天顶发射炮弹，最终得出的也是和前文一样的结论。所以只需要一定的初始发射速度，无论发射角度如何，如图12所示，最终炮弹都会飞到宇宙空间，从而永远离开地球。

显而易见，这么多奇特的可能性都是由理论开创的！然而，实践——理论的这个顽冥不化的姐妹，又会是怎样的态度呢？这件事情现代炮兵能否完成呢？

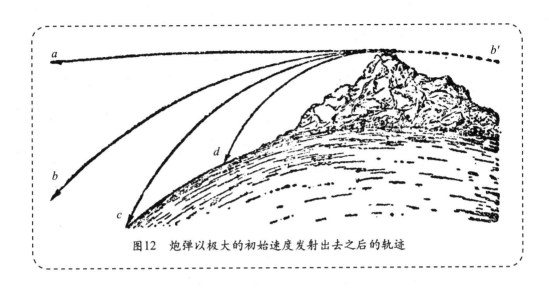

图12 炮弹以极大的初始速度发射出去之后的轨迹

很遗憾，答案是不能。如此快的发射速度，即使是我们目前已铸造出来的最强大的大炮也达不到。超远程大炮最多能够以1.5千米/秒的速度将炮弹发射出去，然而与将炮弹从地球发射到月球所需的速度相比，仅仅能达到$\frac{1}{7}$，这是远远不够的。

想要将发射速度从1.5千米/秒提升到11千米/秒，貌似不是很难。毕竟我们的科学技术在前进的道路上，在速度、距离方面克服过无数问题，比如古代的弩炮就被现代炮兵的强力火炮所取代。在古罗马时代，将成吨重的炮弹发射到40千米以外听起来简直毫无可能，假如有人认为这个想法会在未来实现，那人们肯定认为他是疯子。出乎意料的是，甚至儒勒·凡尔纳也未曾预料到，仅仅在半个世纪以后，炮弹发射的距离已经能够增大到 120千米 以外了……与赤手

> 现在的火箭炮射程可达400千米以上。

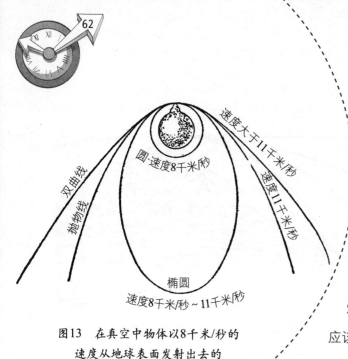

图13 在真空中物体以8千米/秒的
速度从地球表面发射出去的
飞行路径

空拳抛石块相比，远程大炮发射炮弹的能量高出成千上万倍。既然原始人的力量能够被我们这样轻而易举地超越，那么对炮兵技术能力的增长也不应该预设界限。

的确，地球引力的作用实在是太大了，这一点是最令人烦闷的。而反观月球，月球不仅只有地球 $\frac{1}{6}$ 的重力强度，而且也完全不存在大气阻力来减弱炮弹的飞行速度，由此看来，只需要拿出一门发射炮弹的初始速度仅为1.7千米/秒的大炮即可，而人类目前所制造的某种远射程大炮就可以满足要求，这样就可以把炮弹变为月球的卫星了。而在火星的卫星——福博斯上，想要使一块石头永远脱离这颗卫星，直接用手将它投掷出去，它就再也不会回来了。

不过呢，我们是生活在地球上，而并非是在火星的卫星或者月球上。所以想要使炮弹飞行到其他星球，我们就必须使得炮弹的初始发射速度达到11千米/秒～17千米/秒。

这个严苛的要求，我们能达到吗？

Chapter 6
乘着炮弹去月球
（实践篇）

儒勒·凡尔纳在小说中提到的大炮俱乐部会员所提出的独特方案，有朝一日我们的炮兵是否能实现呢？

得到的答案是不能。具体是什么原因呢？我们接着来讨论。

炸药的能量

本书的卡指大卡，1大卡=1000卡，约等于4185焦耳。

动能的计算公式是$\frac{1}{2}mv^2$，式中的m指物体的质量。按照上文给出的千克和米/秒分别作为质量和速度的单位带入公式计算的话，会得出以焦耳为单位的动能。已知1千克力·米约等于9.8焦耳，为方便计算看作10焦耳，所以将焦耳换算为千克力·米的时候应该再除以10，因此得到的式子中分母应该是20。

显而易见，炮弹被射出时所具有的速度是大炮中火药爆炸产生的气体提供的，因此，气体本身所具有的速度肯定要比炮弹的起始发射速度大。在这里，火药中储存的化学能转化为气体的运动能。明白了这些基础理论，我们就可以计算出一定量的火药可以使炮弹运行的最大速度。举个例子，燃烧1千克的黑色火药，能够释放出的热量是685卡，按照1卡约等于427千克力·米来换算成机械能，就是290000千克力·米。那么以速度v运动的1千克物质的动能就应该是$\frac{v^2}{20}$千克力·米。

因此，可以列出如下等式：

$$290000=\frac{v^2}{20}$$

解上述方程，得出v约为2400米/秒。这是指1千克黑色火药可以使得炮弹的初始发射速度高达2400米/秒，无论如何改进火器，这一极限的速度值都是无法突破的。

目前我们已知的所有类型的火药中，硝化甘油是能量贮存最大的，每千克硝化甘油贮存的能量是1580卡（我们回忆一下前文中提到的儒勒·凡尔纳的小说，文中主角靠火棉爆炸所产生的1100卡能量就飞往了月球）。这些能量转化为机械能是670000千克力·米，带入动能计算公式：

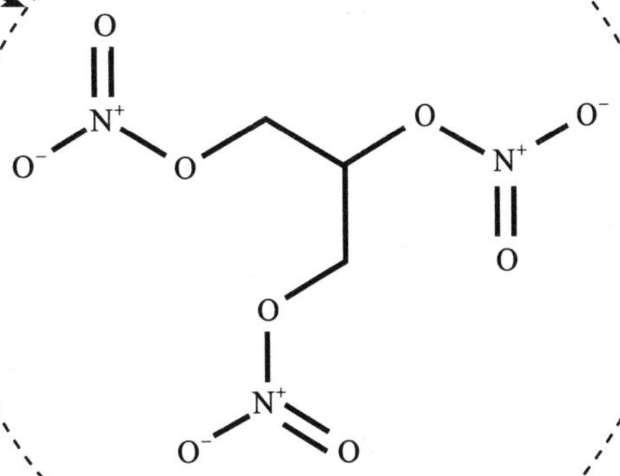

图14　硝化甘油分子式

$$670000=\frac{v^2}{20}$$

解方程，得到炮弹可以拥有的最快飞行速度是3660米/秒。这个数值与我们前文中计算出想要将炮弹发射到宇宙空间应该具有的速度11千米/秒～17千米/秒相比，可知炸药所产生的速度实在是微不足道。

不过，我们也不能气馁，现阶段的炸药无法使炮弹的初始发射速度达到要求，那么在未来，化学家们能否研制出具有更大能量的炸药

呢？这个设想，我们目前从化学家那里得到的答案是希望渺茫。希洛夫在《炸药的力的极限》中说："在研制威力更强大的炸药这个方面想要再有大突破是白费力气，因为现在强有力的炸药在爆炸时都会产生大量的热，使得周围环境的温度骤升……要使用化学方法来超过这个温度的极限非常困难，所以不太可能再发明出一种比现在储能更多的炸药。"

通过上述分析，我们明白了想要通过装有炸药的大炮向宇宙空间发射炮弹的方法是永远行不通的。或许偶然在报纸上看到的电磁炮这一新发明在未来能够使这个方法起死回生，然而我们现在对于这个问题还是一无所知。

对于电磁炮未来的发展，我们不如用积极的态度来期待它能大获成功，这样人类在未来就可以利用它来把炮弹发射到月球。

旅客的遭遇

假如我们现在面临的问题仅仅是建立一所独具一格的空中"邮局"连接各行星，然后我们可以向宇宙空间中的佚名收件人投寄"信件"，那么，相信电磁炮可以完美完成这个任务。

但是我们现在主要的关注点是：炮弹的飞行速度够快吗？炮弹能够顺利抵达目的地吗？我们再进一步思考一下，炮弹的内部会是怎样的情形呢？因为我们应该清楚，与炮兵使用的普通炮弹不同，我们这个炮弹是一个乘坐旅客的车厢。那么当炮弹在飞行时，旅客们会有怎样的经历呢？

其实儒勒·凡尔纳设计的把炮弹发射到月球上的思路是完全可行的，这个令人神往的设计唯一的弱点是没有考虑到飞行过程中旅客们的遭遇。

这种史无前例的旅行，对于儒勒·凡尔纳小说中乘坐炮弹的旅客来说，似乎并没有像文中描述的那么一帆风顺。不过，这也不等于他们在整个旅程都处于危险的环境中。其实根本不是这样的！假如乘客们能够活着离开大炮的炮口，那么也就没有必要担心接下来的长途旅程了，因为整个宇宙空间是十分安全的，不存在风暴和波浪，也不会颠簸或与流星相撞。实际上也并不存在儒勒·凡尔纳在书中描述的挡住炮弹飞行的第二颗地球卫星，而乘坐着炮弹车厢在宇宙空间高速飞行，这个速度对人类并不具有威胁性，这就和我们绕着太阳以30千米/秒的速度旋转一样。

其实炮弹在炮膛运动的极为短暂的一瞬才是儒勒·凡尔纳小说中的旅客们最为危险的时刻，因为在这短短的百分之几秒里面，旅客们的运动速度需要从0增加到 16千米/秒 ，这个

> 儒勒·凡尔纳选择16千米/秒作为炮弹的发射速度，是考虑到它需要同时克服重力作用和大气阻力。

提速的程度是很难想象的。

小说中的主角觉得，对于乘客而言，在炮弹发射的一瞬间，无论是坐在炮弹车厢中还是站在炮弹前面，危险系数是完全一样的，这个看法是没有任何问题的。不错，在炮弹发射的一瞬间，炮弹车厢底部（地板）对乘客的撞击力量等于它冲击前面物体的力量。所以，那些觉得这些乘客仅仅是在炮弹发射时有一种血液猛烈地向头部涌的感觉，就是大错特错了。

事实上，这件事情是非常严重的。我们接下来简单计算一下。由于火药爆炸时会产生气体，从而压力不断增大，使得炮弹在炮膛中加速运动，运动速度从0增加到16千米/秒仅用了百分之几秒。那么这个加速过程中，也就是1秒内速度的增加值能有多大呢？为了方便计算，我们还是按照1整秒计算。炮弹在炮膛中加速运动达到的速度值实在是太让人惊讶——竟然高达640千米/秒^2。

为了让大家感受一下这个数值到底有多大，我给出一个参照的例子：即使是特别快的车在开动的时候，它每秒所能增加的速度也仅仅是1米。

640千米/秒^2，我们通过把这个数值和地球上下落物体的加速度相比，来进一步理解它的具体意义：与640千米/秒^{2}相比，自由落体的加速度（10米/秒^2）仅有它的$\frac{1}{64000}$。

换句话说，在炮弹被发射出去的那一瞬间，其内部的所有物体都会给舱底施加比本身重量大64000倍的压力。小说中的旅客们会感觉到自己骤增几万倍的体重，就连巴尔比根先生的一顶大礼帽，重量也会瞬间变成十几吨。的确，这个过程持续的时间极其短，仅有 $\frac{1}{40}$ 秒，但是如此巨大的重力作用一定会将旅客压得扁扁的，这一点是无可置疑的。即使儒勒·凡尔纳在写小说时考虑到了这个问题，但是文中描述的减弱这种撞击力量的补救措施，比如安装弹簧缓冲器或是建造盛有水的双层舱底，这些对于巨大的冲击力来说，都只是杯水车薪。没错，这些措施的确会使得速度增加缓慢一些，因为补救措施可以延长撞击时间。但是对于如此强大的压力作用，起到的效果真的是太微弱了，最多只是将压向旅客的作用力减弱百分之几而已。

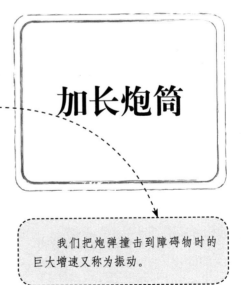

那我们转换一下思路：使爆炸时的 速度增加 ，却又不会快到致命的程度的方法能否找到呢？

在理论上当然可以实现这个想法，不过需要加长炮筒。通过简要计算就可以让人信

加长炮筒

我们把炮弹撞击到障碍物时的巨大增速又称为振动。

服，我们想要炮弹中的乘客感受到的"人造"重力恰好与地球上的重力相等，就要制造出正好长达6000千米的大炮炮筒。

这个长度是什么概念呢？就是说要想使旅客在飞行过程中没有任何不愉悦的感受，那么这门巨型大炮必须从地球的最深处——地心开始装，只有这样，在起飞的那一瞬间，旅客们才只会感受到增加1倍的体重。

其实对于人类来说，在很短暂的时间里承受几倍大的重力是不会伤害人的机体的。比如，当我们从 雪山高处滑雪 滑下来，极快地改变运动方向时，这一瞬间我们承受得住我们增加了10倍的体重，换句话说，这时的滑雪橇也会受到比平时大10倍的压力。再通过德国星际航行问题研究专家奥伯特教授讲述的例子来解释，曾经有这样一件事情，有一位消防员从25米高的楼上往下跳时，下面接着他的一张绷紧了的被单被降落的消防

图15　高山滑雪时改变运动方向

员压下去了整整1米。的确，有了被单作为保护措施，消防员的下跳没有受到任何伤害。而他在撞向被单的那一瞬间，加速度达到了正常重力加速度的24倍，也就是240米/秒²。通过这个例子，是想说明，即使重力是人自身体重的20多倍，人类在短时间内也是能够承受住的。按这样计算，长达300千米的大炮炮筒也是足够将人类送上月球的。然而即使这样，因为技术问题，我们仍然无法制造出具有这么长炮筒的大炮。此外，还有一个问题值得考虑，炮弹在被发射的过程中，长达300千米的炮筒必然会产生很大的摩擦力，炮弹离开炮筒的初始发射速度自然大打折扣，这个重要的影响因素也是要考虑的。

减弱撞击力

对于减弱撞击力的方法，物理学也给我们提供了新思路。为了避免质地很脆的物体被震碎，我们可以把它们浸没在比重与之相同的液体里。再细致解释一下，是在装有与质地很脆物体比重相同的液体的容器中放入该物体，再密封住容器。这时，将整个容器从高处扔下，只要容器本身在这个过程中不会破损，那么即使振动很强烈，也能够保证容器中的物体完好无损。最先大胆提出这个想法的是齐奥尔科夫斯基，他

是这样描述的：

图16　被水包裹的鸡蛋

世界上所有脆弱而娇贵的物质，比如胚胎，这些东西都被大自然用液体环境包裹、保护着……我们利用一杯水、一个鸡蛋和一些食盐来做一个 实验 验证上述的论点。首先向水里放入鸡蛋，鸡蛋自然会沉入底部，但是随着我们逐渐往水中加入盐，鸡蛋会开始慢慢向上浮，然后停止加盐。为了使鸡蛋能够平衡处于杯子中的任一位置，我们需要再向杯中添加一些水。这时的鸡蛋能够保持在水杯中央的位置，并且不会再向上漂浮或沉向杯底。现在，我们可以用力（只要控制这个力不会使杯子破碎即可）拿着杯子去撞击桌面，相信其中的鸡蛋肯定能够保持纹丝不动。但是，倘若杯子里仅仅有一颗鸡蛋而没有水，估计轻轻碰撞杯子，鸡蛋就碎掉了。

有了上述理论和实验结果的支撑，大家肯定认为通过发射炮弹飞往宇宙空间的方法可以改进：旅客们可以身穿潜水服、带着氧气罐乘坐在充满与人体密度相等的盐水的炮弹车厢内，在炮弹成功发射之后，速度趋于稳定，而旅客们也获得了和炮弹相同的运动速度，这时不会再有意外发生，就可以放出舱内的盐水，然后整理好舱内的东西。通过这种改进方案，儒勒·凡尔纳在小说中描述的炮兵的想法就能得以实现了。然而这个看似没有破绽的改进版方案其实依旧是有缺陷的。因为人体是由各种不同比重的部分（骨骼、肌肉等）组成的，因此，把整个人体浸没在同一密度的液体中的方法依旧是行不通的。

尤其是人类封在头盖骨中的脑子，不可能不使它受到振动。通过实验可知，当速度急剧变化的时候，脑子这个极为敏感的器官将会猛烈撞击到头盖骨内壁。

回到地球的希望

如果儒勒·凡尔纳的这个奇特设计方案想要真正实现，以下3个问题就必须先攻克：

● 大炮发射炮弹的方法需要改进，使炮弹飞行初始速度远远大于目前我们所知的速度最快的炮弹；

● 建造出炮筒长达300千米的大炮；

● 为了避免空气阻力的影响，大炮的炮口需要伸长到地

球大气层以外。

　　然而，如果以这样的方式去宇宙空间开启旅行，只会得到残酷无比的结果：旅客们活着（甚至死了）回到地球的希望极其渺茫。导致这个结果的原因是在儒勒·凡尔纳的设计中，炮弹的运行方向是无法被操控的，只有利用一门大炮重新发射这颗炮弹，才可以使它有新的运行轨道。然而，在漫无边际的宇宙空间以及其他陌生行星上，又怎么可能会有大炮的存在呢？

　　"一个人选择去周游世界，是为了有朝一日回来能向别人讲述自己旅途中的所见所闻，如果没有回来的希望，他恐怕就不会去旅行了。"而儒勒·凡尔纳的设计，就是完全不存在这种希望。

Chapter 7
实现不了的构想

其实关于无法实现的星际飞船的设计，我们是可以不用细致研究的。但是为了消除读者对某些领域的错误理解，同时也为了让读者更全面地了解某些方案能达到的真实效果，我们依然对各种星际飞船设计的可行性进行了分析。前几章中已经细致介绍、分析了威尔斯的"凯弗利特"窗帘，儒勒·凡尔纳的利用大炮炮弹、光线压力等别出心裁的设计思路和方案，与其他各种毫无意义、只会混淆视听的凭空幻想相比，这些已经是最为科学或看似可行的方案了。

除了以上的介绍，这里还有两种显然无法实现但值得讨论的设计。因为这两种方案乍看起来还算比较容易可行，而且在杂志上被介绍过多次，所以我们应该也都有所了解。然而，这两种设计的不足之处并没有被提到，使得不少读者错以为杂志上介绍的已经是发展成熟的思路和方法了。

两种设计的起源都在法国。

旋转巨轮

第一种设计如图17所示，是1913年由马斯和德鲁哀这两位法国工程师提出的。而格拉芬尼作为著名的科技文章作家，对此种设计是这样介绍的：

把一颗准备投掷出去的炮弹安装在一个直径巨大的轮子边缘，当速度足够大时放开炮弹，它就会以巨轮上相应点的速度沿着切线方向飞行。将这个装置进行简化：把两根平行放置的杆的中点在轴上固定牢，杆的两端分

图17　用旋转巨轮来投掷星际飞船（A）的设计图

别装有待投掷的炮弹和质量相当的平衡物。100米长的杆绕中心旋转一圈相当于走过了314米，那么当以44转/秒的速度转动杆时，杆末端的速度可以高达14千米/秒。

我们必须要有一台马力高达百万的发动机，才能使速度在几分钟之内提到如此快。显然这是无法完成的目标。那么退而求其次，受到现有技术水平的限制，我们只能选择慢一些的操作，如用一台马力为12000的发动机，花7个小时来达到44转/秒的速度。

应该在某些峡谷（比如群山的陡峭山壁之间）安装这种投掷机，然后利用蒸汽轮机带动投掷机。当达到一定的速度时，特别的电动设备就会使炮弹挣脱束缚，向天顶竖直飞去。

这个策划方案无法实现的原因是什么呢？

第一，想要找到这种能够承受得住高速旋转产生的拉力的材料是很困难的事情。

我们根据力学公式计算，当圆周运动速度为14千米/秒，圆周运动半径为50米，这时每克炮弹的离心力是$\dfrac{(1400000)^2}{980 \times 5000} = 400000$克。所以，炮弹重量的400000倍就是两根杆子需要承受的拉力。而重为4吨的炮弹，就要求杆子承受高达1600000吨的拉力。

我们都熟知的巴黎埃菲尔铁塔，整体的重量也才9000吨！假设用上好的钢材铸造的这两根杆子的截面是正方形，其粗细需要有6米，这样才能够更加安全地承受巨大拉力，此外，如此粗大的杆子我们还需要假设它没有重量才行……

第二，还有一个很难攻克的难题是炮弹从轮子上被释放出来时，它的内部重力会骤增。

我们需要知道的是，当承载着旅客的炮弹被轮子旋转着释放，再飞到宇宙空间，在此过程中，旅客肯定会被自己增大了400000倍的体重压死。所以，想要通过这种轮子把活生生的旅客运送到宇宙空间，简直就是痴人说梦。

至于第二种设计，如 图18 所示，创造者是格拉芬尼。这是一个乍一看还算较为现实的设计。

环形轨道

这可以说是在前一个设计基础上的改进版，原理同样都是利用圆周运动的惯性，而改变了的地方是用固定不动的环形轨道取代了大轮子，轨道铺设在半径为20千米的环形隧道里。上端安装着炮弹车厢的车子，润滑良好，它沿着环形轨道滑行。车子外部装有专设的发动机驱动，传递能量的媒介则是两

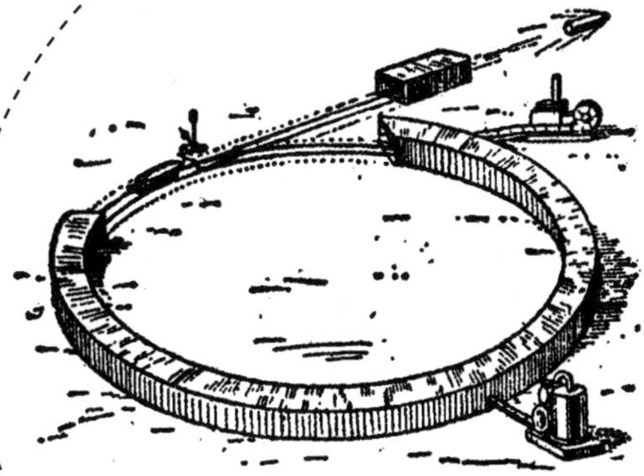

图18　通过闭合环形轨道向宇宙空间运送炮弹，右上角是抽气泵

根钢轨之间的导线。发动机在连续不断地运转，因此做加速运动的车子会具有一定加速度。此外，用泵抽掉了隧道中的空气，为了能够尽可能减少空气阻力对车子运行的影响。假设有一条逐渐斜向高处的支线，它是沿着环形轨道的切线方向伸长出去的，当载有炮弹的车厢沿

着环形轨道运动了数圈直到速度提升到12.5千米/秒，车子就会自动地转到可以受到制动的支线上去运动。于是，车子会逐渐停下来，而受到惯性作用的支配，装有炮弹的车厢会以12.5千米/秒的速度飞行到大气中，穿过大气层会使炮弹的速度减小，因此等它到达宇宙空间时，速度就会降为10.9千米/秒。

然而事实上，按照格拉芬尼对这个方法的详细介绍，即使他把炮弹的初始速度设定为12.5千米/秒，我们稍加计算就会发现这个想法依旧是无法实现的，因为当炮弹飞向宇宙空间的瞬间会使炮弹车厢内部的乘客承受巨大的重力。即使和前一个设计相比，由于环形轨道半径的增加，使得这里重力增长得或许没有那么多，但是对于人的机体来说，可承受的重力增加范围最终还是让这个设计变成泡影。要是不相信，我们通过计算可知，每克炮弹的离心力为 $\dfrac{(1250000)^2}{980 \times 2000000} \approx 800$ 克。也就是说，乘坐炮弹飞往宇宙空间的旅客，在炮弹发射的瞬间，体重会增加800倍，这是一个足以置人于死地的数值。所以，炮弹做圆周运动的速度即使增加得再慢，它都会产生超过人体最大承受值的向心加速度。

综上所述，无法实现的设计行列中又加入了法国的这两项设计方案。

Chapter 8
乘着火箭到星际

前面一系列不可能实现的方案总会让人有些失望，不过现在终于出现了唯一一种可以真正实现星际航行的设计。这个设计方案完全不同于前面的那些幻想，它是由俄罗斯科学家齐奥尔科夫斯基于1903年首次提出的。从这个方案中，我们可以看出它是一个思虑周全、符合力学原理的设计，与之前那些小说家的幻想或者单纯的令人向往的天体力学命题完全不一样。看来乘坐可以操控的"炮弹"——星际飞船，飞去宇宙空间旅行的理想，就要通过这条道路实现了。

作用和反作用

根据极其简单的物理学原理——作用和反作用定律，就设计出了这个能够在没有支点的真空里运动和操作的设计方案。这个原理还有一个名称是"牛顿第三定律"，理论是这样描述的：与一个作用力同时存在的，总会是和它大小相等、方向相反的反作用力。我们可以飞往漫无边际的宇宙空间就是依靠这个反作用力。而在平时的生活中，我们从来不会关注到反作用力的存在，因为它到处都是，容易被忽视，只有在非常特殊的情况下，我们才会意识到反作用力的存在。

不知道你有没有过射击的经历，开枪的时候你就能清楚地感受到

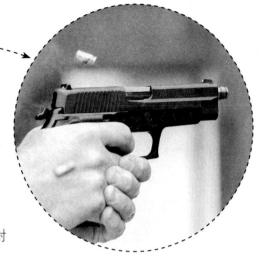

枪的 后坐力 ，因为弹药爆炸时会将子弹推出去，而这时枪就会被相等的力量推向相反方向。假设枪和子弹具有相同的质量，那么子弹射击出去的力量也会反向施加到拿着枪的射击手身上，而这样的话，枪托冲击到射击手身上的后坐力就会使其变成自杀者了。

图19 开枪产生的后坐力

好在现实生活中，枪的重量远远大于一颗子弹，从而大大减弱了这种反冲作用。我们需要记住一点，通常而言，物体的质量是决定力对物体的作用的：相同大小的作用力会使质量较重的物体得到较小的速度，对于质量较轻的物体则刚好相反（质量不同的物体通过相同的力获得的速度恰好与质量成反比）。对于"作用和反作用"这一定律的认识，我们不应该仅仅停留在字面意思，我们的思维要灵活一些，知道起作用的这个力是相等的，但作用于不同的物体，产生的结果是不一样的，作用的本身几乎永远不等于反作用。

当苹果掉落到地面上，你观察到的是地球纹丝不动，然后你就认为这个现象不符合上述定律，这是错误的观点。事实上，地球对苹果的吸引作用也产生了大小相等的反作用力。可以说在相等力量的作用下，苹果和地球是相互掉落的，然而地球拥有远大于苹果的质量，所以其降落速度远远小于苹果。当我们看到苹果从树上落下来，完全与地球接触，地球只向苹果靠近了大致百万万万万万分之一厘米。因此，我们只能看到苹果的自由落体运动，而误认为地球一动不动。

这个定律是由伟大的物理学家牛顿首次提出来的，它为我们打开了一扇新世界的大门：即使不存在支点的支撑，物体依旧可以自由运动。仅仅依靠内部力量的支撑，无须借助外力，就可以实现自由运动。就像《吹牛大王》中的笑话一样，想要飞上天空只要抓起自己的头发往上提就可以。这两个想法其实在表面上还是有一点类似的地方，但要说到本质，那就是天壤之别了。抓着自己的头发拎起自己这件事情简直太荒唐，而根据反作用力实现自由运动的想法却很真实可靠。在大自然中利用反作用力运动的动物其实已经有很多了。比如

乌贼，它先往腔中吸水，再通过身体前面的漏斗管喷水出去，当水喷向前方，乌贼就获得了反方向的作用力，因此它就会向后退。乌贼很机智，它通过调节漏斗管喷水的方向，就实现了任意方向的游动。与乌贼类似的水母、蜻蜓幼虫，还有很多其他在水中生活的动物，它们移动身体都是使用这种方法。人类也将其应用到科学技术方面：水轮机和反击式蒸汽轮机的运转原理也是利用了反作用力。

图20　乌贼的运动利用了反作用力

其实，当我们欣赏烟花绽放时，就能非常清晰地理解这种运动方式。烟花飞升天空的情景大家肯定都不陌生，烟花本质上可以认为是一种普通的火箭，如 图21 所示。你肯定不曾相信，你幻想过的未来世界里的星际飞船竟然是以烟花为雏形！可是在未来，比发现新大陆具有更重大意义的就是火箭……这个说法在很早以前，天才数学家、天文学家高斯就曾预言过。

当火箭中的火药燃烧时，为什么火箭会向上发射呢？很多科研人员对于这个问题给出的答案都是：因为火药燃烧时会有气体从火箭中喷出来"推开空气"。而空气对于火箭发射的作用是具有两面性的，一

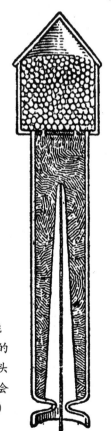

图21 烟花能够释放出五彩的"小星星"（头部装的小药球会产生彩色火花）

方面，帮助火箭飞起来的条件之一就是空气，另一方面，空气的阻力又会使火箭的飞行速度减弱，事实证明在真空环境中，火箭的飞行速度比在大气中更大。那么火箭能够飞起来的真正原因究竟是什么呢？其实是因为火药燃烧之后产生的大量气体会从火箭的下方猛烈喷射出来，而这时由于反作用力，火箭筒就会向上运动。至于火箭发射的相关力学条件，基巴尔契奇在他的笔记中有详细的解释。

俄国人，组织并参与了1881年3月1日刺杀沙皇亚历山大二世事件。

压在筒底的压力是无法产生反作用力的，而从小孔喷出的气体产生了反作用力。

在笔记中，他阐述道："把四面封闭的圆筒的一端开一个小孔，这是一个由薄铁片制成的圆筒。然后将一块压紧的火药放置在轴上，点燃它之后，圆筒的内部会受到新产生的气体施加的压力。侧壁上各点的压力会相互抵消，然而因为两端中有一个底端是没有开孔的，所以不存在可以抵消压力的相反压力。假设把有小孔的一端朝下放置，那么小孔会向下喷出气体，在这些气体压力的作用下，圆筒会向上飞去。"图22就是说明这个问题的示意图。

其实大炮发射炮弹和火药在火箭中燃烧的实质是一样的。从大炮中发射出的炮弹会直冲向前，而炮身却向后坐。倘若大炮的周围没有任何支撑的物质，

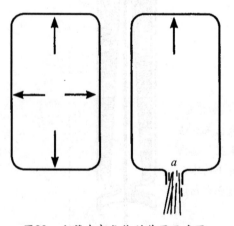

图22　火箭内部气体的作用示意图

它只是独自悬在空中，那么在发射了炮弹之后，它就会向后方移动。至于它后退的速度，取决于大炮比炮弹的质量大多少倍，炮弹发射速度的多少分之一就是大炮的后退速度。而火箭恰恰是和大炮相反的设计。点燃大炮炮筒中的炸药，是为了将炮弹发射出去，这个过程中炮筒基本是保持不动的；而就火箭而言，点燃火箭中的火药是为了产生爆炸气体，这些爆炸气体具有很大的速度和质量，所以"后坐力"足以推动火箭本身向上飞去。随着火箭中火药的不断燃烧，它的飞行速度会越来越快，并且在这个加速运动过程中还有 持续增加的新的速度 。

此外，由于火箭载有的燃料不断消耗，使得火箭的质量逐渐减轻，力在火箭的运行过程中会起到更为显著的作用。

与地球的重力加速度相比，烟花上升的加速度要大几十倍。

塞尔纳 "热力摆"

根据相同的原理，我们仿制了一种简单仪器，接下来简要做一下介绍。利用这个仪器我们可以很清晰地感受到使火箭向与喷出气体相反方向运动的这种力量。首先，用线把装了水的曲颈瓶悬挂在架子上，底部用酒精灯加热。待加热到水开始沸腾，可以看到曲颈瓶的瓶口有蒸汽喷涌

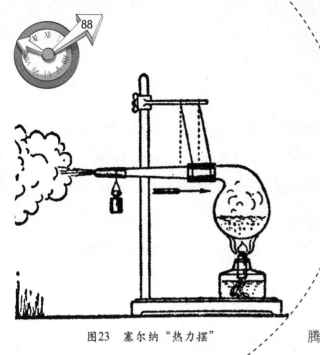
图23 塞尔纳"热力摆"

而出，而曲颈甑开始向相反方向移动。离开了火焰的曲颈甑冷却得很快，当没有蒸汽向外喷时，曲颈甑就又回到了最初的位置开始继续加热。当水再一次沸腾，曲颈甑会发生与刚才相同的移动，只要不撤掉酒精灯，曲颈甑就会一直循环移动，就像一个塞尔纳"热力摆"，如 图23 所示。传闻，牛顿也设计过一个和这个构造相似的自动车，我们后来的喷气式汽车就是运用了这个设计理念。

带客舱的巨型火箭

有点偏题了，我们赶紧回来继续探讨火箭和星际飞船。火箭载有的火药量是有限的，那么在所有火药烧尽之后，在惯性作用下火箭还会继续飞行一段时间，不过由于它的速度不足以和地球重力相抗衡，所以最终会跌回地面。但是我们做一个假设，给一枚长达几十米的火箭装载非常充足的燃料，使其飞行速度逐渐达到能够一去不复返、永远离开地球的速度——11千米/秒，这时就能够挣脱地球引力对火箭的束缚。这就找到了去宇宙旅行的方法了。

人们跟随着这种物理学设想的指引，设计制造出了一种能够同时在大气中和大气层以外飞行的飞行器。基巴尔契奇在他的一项设计中提出了这类飞行器的制造思想，然而在当时，这并不是为了星际航行设计的飞行器，而只是为了在大气层内飞行时使用的。由于基巴尔契奇并没有足够的时间去研究飞行器的细节问题，也没有通过数学计算对飞行器的可行性进行验证，所以对于制造飞行器，他仅仅提出了主要想法而已。而这个想法被另一位俄国物理学家齐奥尔科夫斯基颇为细致地研究了一番，他不仅完善、创立了星际飞船设计体系，还对这种飞船使用的可能性用严谨的数学计算进行了论证。

带有客舱的巨型火箭就是齐奥尔科夫斯基设计的飞行器。在1903年，他在设计飞行器的笔记中写道：

倘若有这样一种器械存在：金属舱呈现出长长的形状，各种物理仪器都可以装载在其中，具有理智的生物可以搭乘并且操纵着该器械，灯光、氧气、二氧化碳吸收器和其他的动物排泄物吸收器等设备一应俱全。

此外，大量一经混合就会形成爆炸物的原材料也储存

在舱内。当我们选择在特定的位置，正确且均匀地将爆炸物点燃，爆炸产生的高热气体会通过一个逐渐扩大的管子喷涌而出。当高热气体到达管子的末端时，会被剧烈地分散和骤冷，所以气体会以极大的速度向扩大的管口以外喷涌。这时，这个器械会飞向又高又远的地方。

舱内还设置有特制的方向舵，通过控制它，乘坐在舱内的乘客就可以飞往任何他们想要到达的地方。乘坐在这样一艘可以操纵的宇宙飞船上，旅客们可以在宇宙空间遨游，飞往月球以及其他行星……为了使速度的增加不会突破人体可以接受的极限，需要控制燃料燃烧速度，从而限制飞船的飞行速度。

我们这里先对比一下齐奥尔科夫斯基的星际飞船与儒勒·凡尔纳的炮弹，探讨一下前者较后者的主要优势有哪些，至于星际飞船的具体介绍，我们会在下文中详述。首先，从工艺角度来看，比起凡尔纳设计的巨型大炮，齐奥尔科夫斯基的飞船肯定更容易制造。其次，炮弹发射产生的巨大速度是瞬间产生的，这会使旅客受到比自身体重大成百上千倍的压力，威胁到旅客的人身安全，而逐渐产生极高速度的星际飞船就相对安全很多。

火箭式星际飞船的优势

空气阻力对于火箭式星际飞船而言，不存在任何威胁，因为和飞船在宇宙的真空环境中的飞行速度相比，它在大气中的飞行速度实在是太慢了，甚至与现代枪弹的速度差不多。飞船只有飞出大气层以外，速度才会增加到星际飞行所要求的最小值。当到达宇宙空间之后，就可以完全停止火药的燃烧了：因为飞船的速度减小是受到了地球引力的影响，现在离开之后，接下来在惯性的作用下，飞船就能够在星际飞驰，并且即使飞行几百万千米都不会耗费一丁点儿燃料。

那么爆炸系统在什么情况下需要重新开启呢？如下的情况就需要：

- 飞行方向需要改变；
- 飞行速度需要改变；
- 为了减少在行星上降落时产生的冲击力。

其实要说火箭式星际飞船的最大优势，莫过于可以在想要返回地球的时候就能启程回到故乡的怀抱。这里只需要宇宙航行者在前往考察月球或其他小行星之前，往火箭上装载足够的爆炸燃料即可，这就类似于极地航海家在出发前储存充足的燃料。

在通过这种方式实现星际航行的旅途中唯一会出现的危险就是撞上巨大的流星。流星其实就是宇宙石头，它们在宇宙中的运动轨迹毫无规律可言。但是计算证明，飞船撞上会给它带来危险的流星的可能性极其渺茫，我们会在后文中探讨飞船与流星相撞的概率。

通过对火箭式星际飞船的可行性分析，去往宇宙空间旅行，飞到月球、小行星、火星旅行的这些疯狂想法都会在未来变成触手可及的现实。旅客们可以随身携带呼吸用的液态氧和呼出的二氧化碳的吸收装置，可以通过食用、饮用飞船船舱中储藏的粮食和饮料来维持生存，这些基本需求目前都可以做到，所以对于短期的星际旅行来说，特别严重的阻碍貌似是不存在的。

在爆炸物质储量足够的情况下，飞船就可以降落在月球、小行星或大行星的一颗小卫星的表面，当然是在其表面能够降落的前提之下。为了使飞船安全平稳降落，我们会通过控制爆炸来降低非常巨大的飞行速度。

当我们想要离开临时"停靠点"返回地球时，当然最需要的还是一定储量的爆炸物质，其次还需要克服行星的引力，最后必不可少的还要带着在地球上平稳降落所必需的储备。以上准备齐全之后便可以开启返航之旅。

新时代的开启

只要身着类似于潜水服那种不透气的衣服，到达宇宙空间后，旅客们就可以像哥伦布一样 走出宇宙飞船 了。他们随身携带着备用氧气瓶和金属背包，在这个陌生的宇宙空间里来来往往。他们不仅会对行星进行细致的考察，还会对陌生世界的自然界仔细研究，此外还要采集标本……他们随行还带来了密闭的汽车，可以乘坐这个交通工具去探索远处的区域。

"有些事情看起来可能非常不可思议，比如站立在小行星表面，参观月球时捡到一个石块，从相距数十千米以外的位置观测火星，在火星的卫星甚至是火星的表面将飞船安全降落。但是当我们到了可以使用火箭式飞船的时候，就迎来了天文学历史上一个伟大的新时代——可以开启更为细致的研究天体的时代了。"齐奥尔科夫斯基如是说。

图24　走出宇宙飞船所需要的装备设想

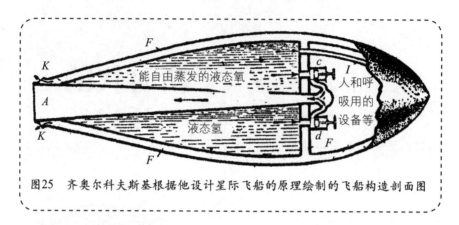

图25 齐奥尔科夫斯基根据他设计星际飞船的原理绘制的飞船构造剖面图

齐奥尔科夫斯基认为对于他提出的设计构想，应该先谨慎细致地研究清楚原理，因此他对于星际飞船的构造并没有进一步设计。不过1914年，齐奥尔科夫斯基答应了我的请求，为实现这个基本原理绘制了一幅浅显易懂的草图，如图25所示。并且通过如下这段亲笔书写的说明，简明扼要地解释了示意图：

　　一只没有翅膀的鸟更容易将空气排开从而前进，这就是器械外形的设计思路。飞船船舱内部大部分充斥着被隔板分开的液态的氢和氧两种物质，这样我们才能控制它们的化合速度。观察人员和各种保护生命、完成科学考察和操纵使用的仪器装置会占用舱内剩余的部分。利用一条逐渐扩大的管子，使氢和氧在较小端口混合之后，加以极高温度，它们就会形成化合产物——水蒸气。然后具有极大弹性的水蒸气就会从扩大端口或沿着船舱的纵轴线喷涌而出，促使器械朝着压力的反方向飞行。

后面特意留有一个章节来详细陈述齐奥尔科夫斯基的星际航行计划。下面我们先对火箭飞行历史中的里程碑——基巴尔契奇关于飞行器的设计进行探讨。这个设计值得深入探究的原因是，它是人类星际航行的起点。

Chapter 9
基巴尔契奇的航空飞行器

萌芽阶段

在基巴尔契奇尚是自由身时，就萌生过设计飞行器的想法。在那个时代，航空事业仅处于萌芽阶段。

当时的人们飞上天空的唯一途径就是乘坐气球，可以操纵的空中飞船还没有研发出来，因此搭乘气球飞到天空之后，人们就只能被大自然玩弄于股掌之中：人们无法选择飞行方向，无法控制飞行速度。这些只能由风向决定，风往哪儿吹，气球就会载着人们飞向哪边。面对这个问题，基巴尔契奇一直在思考，如何才能够让人类按照自己的意愿飞往任何想去的方向？如何才能完全征服空气？

基巴尔契奇认真思索道："应该用什么力量来开动这样的机器才合适呢？蒸汽机体积过大，不便于携带，无论将什么装置（包括翅膀、上升螺旋桨等）安装在蒸汽机上，它自己飞上天空是肯定无法实现的，并且需要消耗大量的煤炭才能使蒸汽机保持运行，因此蒸汽的力量是不适合用在这里的。"

我们要明白一点，毕竟在当时，内燃机这个后来解决了这些航空问题的设备还没有发明出来。因此，这位发明家的目光又被电机所吸引。

电机能够把它获取的大部分能量用来做功，转化效率很高，然而较大的电机却又需要蒸汽机来供给能量。那我们假设有这样的装置：可以在地面上安装电机和蒸汽机，类似于传送电报的那种电线会给飞行器输送电流。这种飞行器需要安装一个可以在电线上滑行的金属部件，才能够从电机那里获取能量，使飞行器的飞行装置以及其他搭载设备能够正常运行。但是显而易见，要制造出这种结构的飞行器既烦琐又昂贵，与铁路运输相比，不具备任何优势。

人类能否像骑自行车一样，仅仅依靠自己的肌肉力量而不使用机械能源来实现飞行呢？基巴尔契奇也从这个角度进行过思索。他认为："利用人的肌肉使飞行器达到飞行目的是现在发明家所研究的热门领域。他们设计飞行器的模型是鸟类，他们坚定地相信这种让飞行者利用自身的力量实现空中飞行的机器能够被发明出来。对于这种信心我并不敢苟同，我觉得即使能够发明出这种飞行器，它也只能是不具备任何实际意义的玩具。"

图26　尼古拉·伊万诺维奇·基巴尔契奇

火 药

于是基巴尔契奇一次又一次地问自己："能够应用在航空上的究竟会是什么力量呢？"最终，他绞尽脑汁得到了自认为是唯一的答案：火药！他意识到了爆炸物质的力量才能真正解决这个问题。他说："能够在如此短暂的时间内释放出如此巨大的能量，目前世界上除了火药以外没有第二种物质能够达到这个效果了。"

对基巴尔契奇来说，火药的作用是再熟悉不过的了。在1879年，他下决心对炸药这类物质的制造和使用方法进行研究。对此，基巴尔契奇被捕后写出的供词中是这样描述的："为了达到这个目标，我把所有能够找到的与爆炸物质相关的书籍都仔细研读，并且进行了化学实验。终于，我自己制备出了少量硝化甘油，自制硝化甘油和炸药的可能性得到了验证。"基巴尔契奇需要不断设计出很多新颖的、从未用到别处的设备，才能为向亚历山大二世马车底下投掷他亲自发明制备的炸弹做好准备。此外，关于花园街（沙皇要经过的一条街）的暗杀事件，他也是积极的参与和谋划者。他需要完成的部分是"计算出所需要的炸药数量，要保证这些炸药既能使沙皇的马车驶过时被炸得粉碎，还要保证不会伤及行人"。

基巴尔契奇的自述材料
（摘自基巴尔契奇1881年3月21日供词）

姓名	尼古拉·伊万诺维奇·基巴尔契奇
年龄	27岁
出身和民族	牧师之子，俄罗斯人
学历	交通工程学院学生
籍贯	契尔尼戈夫省克罗列维茨县科罗普城
职业	文艺工作者
生活来源	文艺工作报酬
家庭情况	单身，有兄弟二人、姐妹二人
父母状况	已亡故
受教育地点和教育费用负担者	起初在交通工程学院，后转入外科医科大学；自费
中途离校未完成学业的原因	1879年因政治案件被捕离开外科医科大学；1871～1873年在交通工程学院，后改变专业转入医大
曾否出国	否

  基巴尔契奇继续思考道："如果爆炸物质燃烧之后能够在很长一段时间内持续产生剧烈能量，而并不是在一瞬间产生，只有在这种情况下，才能实现爆炸物质燃烧之后产生气体的能量在很长一段时间内持续工作。"现在的火箭中所使用的压缩火药就是应用了这种工作原理。对比现在某些研究火箭的专家，基巴尔契奇才是真正从本质上对火箭飞行原因有深刻、清楚认识的人。通过大量研究，基巴尔契奇意识到，在火箭内部压向火箭的气体才是火箭飞行的动力，而并非某些专家所坚持的，火箭是被它排出的气体推着周围的空气飞行的观点。火箭周围介质的存在只会给火箭的飞行增添阻力。

喷气飞机的发明和遗书

经过冥思苦想，基巴尔契奇运用这个想法设计出了喷气飞机。倘若他对利用火箭原理制造飞行器这个想法再进行更深入的研究，草拟出具体实施方案并且公布于世，那么我们应该可以更早地实现星际旅行。然而当时的基巴尔契奇根本无暇顾及这个设计，在1881年3月1日这天，基巴尔契奇所期待的事情终于发生了——沙皇被他的炸弹炸死了。但是，这也意味着基巴尔契奇要接受制裁。他被判处死刑，行刑前被囚禁在彼得罗巴夫洛夫斯克监狱。那么他是如何在监狱中度过仅剩的几天时光的呢？

盖拉尔特对法官讲述了他在监狱的所见所闻："我被指派为基巴尔契奇的辩护人，当我去看望他的时候，他却全神贯注地在完成一件与本案毫无关联的事情，这真的让我非常诧异。我注意到他在心无旁骛地书写发明什么航空飞行器的研究报告。我能感受到他当时对完成这个发明的渴望。后来，他把完成的研究报告交给了上级。"

这份题为"前交通工程学院学生尼古拉·伊万诺维奇·基巴尔契奇的航空器设计书"的杰出文件到现在依旧被保存着。

基巴尔契奇写在设计书上的遗嘱是这样开头的："这份设计报告书写于就义前几日的监狱中。我能够在如此恶劣的环境中坚持，完全依靠'我坚信我的想法一定会实现'这一信念的支撑。我认为我的设计肯定能够在科学家们严谨探讨之后获得认可，到那时我将不再害怕赴死，我不用再担心我的设计会和我一起离开世界，它会存留下来，并且能够为祖国和人类做出巨大贡献，对此我将会感到非常自豪和幸福。"

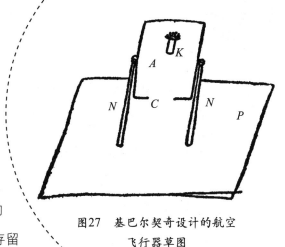

图27　基巴尔契奇设计的航空
飞行器草图

　　基巴尔契奇设计的航空飞行器的示意图如 图27 所示。圆筒A的底部有一个孔C，炸药烛K（这是对压实的小圆柱形火药的称呼）装在圆筒的轴上。平台P的中部会用立柱NN把圆筒A固定住，这个平台上可以站立航行的人。我们还需要设计出一套特制的自动机械装置，用来点燃炸药烛以及在燃烧完炸药烛的位置上安装新的炸药烛。对于现代技术来说，这个装置的设计并不是什么难事。

　　如果现在已经点燃了炸药烛K，那么圆筒A会在一瞬间被灼热的气体充满，圆筒的上底会受到很大的压力。而当圆筒、平台和航行的人的总重量不足以抵消这个压力时，这个圆筒飞行器将会向上飞去……如果飞行器的总重量一直无法超过气体对圆筒上底的压力，那么在气体压力的作用下飞行器就会越飞越高。

　　与停泊在水里的船所处的状况类似，这个方法的确可以使飞行器在空气介质中也处于这样的情况。但是我们需要改变飞行器的方向才能到达想去的地方，这又应该用什么方法呢？有两种设计方案，其中

之一是水平安装一个同类型的，但是底部的孔是向着一旁而不是向下的圆筒。并且这个圆筒能够在水平面上旋转，这样它才可以指向不同的方向。当然，确定方向还是需要借助罗盘。但是只使用一个圆筒也是可行的，只是这个圆筒不能再竖直放置，而是在竖直平面上倾斜，绕轴做圆锥形运动。因为当圆筒倾斜放置的时候，它既可以维持飞行器在空中运动，又可以使它向水平方向运动。

很遗憾的是，这位发明家的设计终究没有逃脱悲惨的命运。他要求把设计报告送给专家评审，得到了许可。被判处死刑的他急切期盼着能够收到专家们对他的设计做出的评价，然而眼看着马上就要到刑期了，他依旧没有收到任何回复。于是，基巴尔契奇在刑期到来的前两天再次向内政部长提出了请求："首先很感谢阁下的指示，才得以让技术委员会能够审查本人的飞行器设计书。但是拜托阁下能够让我在明天早晨之前和审查我设计的委员会中的任何一位委员见面探讨一下委员会对我的设计的意见，或者让我看一下审查委员会对我的设计的书面答复意见。"

基巴尔契奇被骗了，一直到受刑前，他的设计书都没有收到任何回复。事实上，基巴尔契奇的设计书别说送给专家们去评审了，它甚至连警察署的大门都没有离开过。因为当他把设计书遗嘱提交上去的时候，一位独裁而冷酷的上级下达了指令，他大手一挥，在遗嘱上写下："这份设计书只会引起一些不必要的麻烦，所以现在不适合把它交给科学家去研究。"

重见光明的设计

在基巴尔契奇离世之后，他的这份设计书也就被官吏们收拾了起来：装进文件袋，附在档案里，然后永远埋葬在档案室。毫无疑问，从此人们就彻底遗忘了这个从未有人提出过的、前卫的、杰出的技术思想。直到1917年革命爆发，

指发生在1917年的俄国革命运动，最终推翻了俄罗斯帝国统治。

警察署档案室的门被打开，这份全世界都不知道的、被封存了36年的飞行器设计书终于展示在世人面前。

基巴尔契奇的这个发明，用我们今天的技术水平来看的话，应该称作星际飞机，而不是航空器或飞行器，因为这种器械既能在大气环境中飞行，也能在真空中航行。而用我们今天的科学视角来评价基巴尔契奇的这个发明，这个器械最大的优势在于他从没有强调的点——可以去星际空间航行。在他的那个时代，人们对在大气中飞行都不是那么精通，更何况飞往大气层以外，这也就是他没有强调这一点的原因。但事实上，我们人类在星际航行史上迈出的第一步就是这个独特的设计。

在未来，星际航行的实现会依靠火箭。因此，火箭的力学、火箭运动的条件和由火箭而产生的星际航行的前景都是我们需要了解的知识。

Chapter 10
火箭的运动能源

　　许多人可能对火箭这种特殊的装置还不是很熟悉。其实即使是在专家领域，关于火箭的运动理论也不是人人都清楚。因为科学家们在不久前才将火箭的力学研究清楚，所以即使是一些职业的焰火技术专家，对于火箭的理解也会存在一些非常错误的观念，也会高度怀疑火箭是否真的能够在真空中运动，甚至会认为在火箭装载的火药燃烧完全时火箭的速度会比火药气体喷出火箭的速度要小——这个说法对火箭来说是完全不对的，不过却适用于炮弹。通过计算，我们可以看出火箭的速度是远远大于气体喷出的速度的。

　　为了更准确地理解星际旅行的问题，我们必须掌握一些基础知识，比如火箭的运动条件。

爆炸物质和燃料

　　关于火箭的运动能源，我们知道爆炸物质可以作为火箭的能源，燃料也可以。那么，这两者在本质上又有什么区别呢？区别就在于两者燃烧时所需的氧是否包含在物质本身内。燃烧时所需要的氧包含在物质内的是爆炸物质，而燃料在燃烧时则是需要从外界获取氧气的。常见的爆炸物质有火药、硝化甘油、硝化纤维等，常见的燃料则是石油、天然气、酒精等。但是，事实上是无法给这两类物质划出一个清晰的界限的，即使是同样的物质，当燃烧条件发生改变，它就会在爆炸物质和燃料之间发生转变。例如，在普通的条件下，我们将 煤 燃烧，

图28 可以作为燃料燃烧的煤

它就是燃料，但是，点燃浇了液态氧的细粉煤，它就是威力巨大的爆炸物质。同样的道理，当我们在空气中燃烧液体汽油，它就是燃料，而当我们把气态的汽油和空气混合之后再点燃，它就会变成剧烈的爆炸物质。

当火箭内部有某些物质燃烧或发生爆炸，就会产生大量的气体，当气体以高速向某一方向喷涌而出时，火箭就会向它的相反方向飞行。那么，最适合的物质，毫无疑问，必须使自己燃烧生成的气体具有最快的喷射速度。

我们在前文中计算过炮弹速度的最高极限，接下来我们要对火箭中物质燃烧后产生废气的极限运动速度进行同样的计算。当燃烧所产生的能量完全变成气体喷涌而出的运动推力时，所产生的速度就是燃烧或爆炸物的最大速度。在前面，我们通过计算得到大炮中黑色火药的极限速度是2400米/秒，那么把这种黑色火药应用在火箭中的话，肯定也就不会得到比2400米/秒更快的气体喷射速度。我们在前面分析大炮发射炮弹时得到的结论是，炮弹发射速度连这个极限速度

的 $\frac{1}{3}$ 都达不到，而且根据专家们的分析，大炮发射的炮弹也永远不会达到这个极限值，但是达到这个最大极限速度对于新型的火药火箭来说却是轻而易举的事情。

但是，相比其他的燃料，例如煤油、酒精甚至是木柴来说，火药，特别是黑色火药，能储藏的能量并不是很多。火药的热值，即1千克黑色火药爆炸时产生的热量只有700卡。热值一般是衡量物质所能贮藏能量的尺度。而 **燃料的热值** 就需要把它燃烧时燃料本身的重量和所需要的氧气的重量都算上。

一般标注出来的燃料的热值仅仅是以爆炸物燃烧时只用本身所含有的氧为前提的，而燃料燃烧的氧来源于外界。因此一般标注的热值不能与火药的热值直接比较。燃烧时从外界摄取的氧的重量是非常大的，它甚至比燃料本身的重量还要大。所以在说单位重量燃料的热值时，需要充分考虑额外补充的氧的重量。比如，燃烧1千克的煤需要额外提供2.2千克的氧，而1千克的石油则额外需要2.8千克的氧，等等。

燃料的热值也相当高，所以用火药来烧炉子是非常不划算的，用来推动火箭成本更大。

理想的火箭能源

下面我们来计算一下在纯氧中燃烧的氢产生的燃烧产物的喷射速度，目前看来这是最理想的应用在火箭中的能源。

测试中我们可以得到，在纯氧中燃烧1千克氢，可以获得26000卡的热量。很多人能够提出比这个更高的热量，但其实他们忽略了燃烧反应并不能彻底，仍然有10%的水蒸气在高温条件下会受热分解。氢气燃烧产生9千克水蒸气，所以它的热值为$\frac{26000}{9} \approx 2900$卡。将这些热能全部转化为机械能，且因为1卡的热可以做427千克力·米的功，那么就会使得每千克喷出的气态粒子拥有$2900 \times 427 = 1238300$千克力·米的动能。接下来我们用$c$表示喷出气体粒子的速度，由力学公式可以得到燃料燃烧喷出的每千克气体推力为：

$$\frac{1}{9.8} \times \frac{c^2}{2} = \frac{c^2}{19.6}$$

因此有：

$$2900 \times 427 = \frac{c^2}{19.6}$$

从而求得速度c为4970米/秒。

因此，氢氧火箭燃料燃烧喷出的气流中粒子的最高速度大约是5000米/秒。

采用类似的方法，我们计算出其他燃料燃烧时气体的喷射速度：

● *液态氧和酒精→4400米/秒；*

● *液态氧和汽油→4600米/秒；*

● *硝化甘油→3660米/秒。*

现在很多科学家已经在设计研究，利用原子能作为宇宙火箭的能源，他们认为这是更理想的能源。

其实，人类在实践中还只能达到这个理论速度的60%。

对火箭来说，最合适的能源应该是氢、汽油、石油等燃料，而绝不是爆炸物质。

爆炸物质一个非常重要的特点就是它的能源释放比石油和氧的混合物要快得多，它能够将储备的能量在一瞬间全部释放出来。然而在没有重力的环境中，火箭能够获得的最终速度并不由燃烧的时间决定。所以燃烧时间的长短对火箭来说并没有什么影响，对枪炮来说可能更有价值。

液体燃料还有一个非常重要的优点，其燃烧行为非常容易控制。而爆炸物的燃烧行为较难控制，比如火药燃烧后，除非消耗殆尽，否则没有办法停下来。而只有利用可以调节的燃烧过程，才可以让火箭顺利平稳地发射。

热值和气体常数

前面我们探讨过，热值对于燃料来说意义非常大，那么我们应该选择哪一种燃料作为火箭的能源呢？当然，进一步研究，会发现热值并不是决定燃料好坏参考的唯一因素，除了热值，还有一个叫作气体常数的因素，它也是包含在燃料燃烧喷射出气体的速度公式中的。这个气体常数为$\dfrac{848}{m}$，这里 m 表示分子量。氢气具有最大的气体常数，同时其热值也非常高，所以理论上来说液态氢和液态氧是火箭燃料的 理想材料 。

其实，更合适的应当是原子氢，因为每千克的原子氢可以产生约100000卡的热，热量的来源是氢原子重新结合成分子氢气。

然而，液态氢的比重太低，只有0.07，同时成本过于昂贵，需要大容积的容器来装载，火箭的横向负荷将会因此大大降低，使得星际航天器难以克服大气阻力。除此之外，最适合的液体燃料非汽油和液态氧的混合物莫属，这完全是从能的含量以及成本的因素上来考虑，它甚至比黑色火药还便宜。

参考其他文献我们会发现，希望利用具有高热值并且燃烧产物只有固体的燃料做火箭装药的方案不止一次被提及。但正因为燃烧产物是固体，所以它将不会被喷出，而是黏附在喷口壁上，此时气体常数应该是0。同样，那些想要把固体和液体燃料混合在一起，通过气体燃烧产物将固体燃烧产物带出去的想法也是不切合实际的，根据能量守恒定律，这种方案将会降低气流喷出的速度。所以这两种想法都 完全不能够采用 。

目前我们知道，锂、铍、硼等固体物质可以与氧气结合释放出大量的热，所以它们可以当作普通燃料的附加剂，来增加喷射气体的速度。虽然它们本身的燃烧产物也是固体，但是在高温下，它们仍处于沸腾的气态，从而可以从喷口喷出。

当然温度问题也是一个非常重要的问题，因为过高的温度可能会使燃烧室发生熔化。资料显示，一般情况下燃烧室的温度在1500℃～1800℃，目前人类的技术完全可以在这样的温度下使燃烧室不至于被熔化。

Chapter 11
飞行中的火箭力学

决定火箭飞行时速的因素

火箭飞行时速的决定性因素到底有哪些，与之无关的因素又有哪些，是飞行时的火箭力学的另一个主要方面，这是一个一定要搞清楚的科学性问题。

为了方便起见，我们暂且不考虑重力因素。那么，在没有重力的条件下，通过数学推导，我们发现有以下两个方面因素能够决定火箭点燃后的最终速度：

●火箭喷管中喷射出的燃烧产生的气体的速度；

●火箭在点燃之前的质量和燃烧之后的质量的比值，即其静止质量和最终质量的比值。

以 M_i 来表示火箭与所加载的燃料的质量之和的原始质量，以 M_k 来表示燃料燃尽后的最终质量，那么火箭在燃料燃尽后的速度将会与 $\dfrac{M_i}{M_k}$ 相关。

值得注意的是，除了上述两种影响因素之外，没有别的因素可以改变火箭在无重力作用的真空环境里的最终速度。那么就可以得出结论，燃料燃烧的时间及其燃烧方式对火箭的最终速度没有任何影响。齐奥尔科夫斯基曾有过类似的发现：不论燃烧的过程均匀与否，燃烧的时间或长或短，最终的结果都是一样的，哪怕中间暂停一会儿也不会有任何影响。而另一个广为人知的结论则认为，燃料消耗物质的绝对数量并不能决定火箭的最终速度，火箭的最终速度只由燃料物质的质量和燃尽燃料后的火箭质量的比值决定。通过这个理论就不难假设，如果燃料燃尽后的火箭质量与其原始质量的比值相等，那么一枚装载成百上千吨燃料的巨型火箭的最终速度与只有几克燃料的小型火箭的最终速度会是一样的。

我们必须意识到，很多人认为火箭是依靠反推空气而前进的认识是错误的。这种观点因看起来是如此顺理成章而被认为毫无问题。即使牛顿在那个时代就已经建立了火箭飞行力学的正确体系，现代很多人依然对火箭飞行问题持有上述错误观点，这将大大妨碍他们正确理解火箭飞行。

而又有不少人认为星际旅行是另一个更加微妙并且更加令人捉摸不透的问题。他们最常用的论据就是燃料问题，即任何燃料燃烧后所产生的能量转换成机械能都无法将物体送到月球上。具体而言，用能量最大的氢氧燃料来算，1千克的燃料所产生的能不到1240000千克力·米，但若想将1千克的物体送上月球则至少需要6000000千克力·米的功。从数据上来看，这是不可能实现的。这就意味着星际旅行只是

图29 飞行中的火箭

个幻想，注定是要失败的。

然而这些人对火箭工作的整个系统是完全不了解的，因为这个观点提出者往往是其他领域的专家学者。火箭并不是全程都负载着燃料，在起飞后的几分钟内火箭就消耗完了所有的燃料，此时其仍然在靠近地球的地方。而剩下来的路程则是通过燃料燃烧的这几分钟所产生的能量所驱动完成的。

需要明确的是，发射到宇宙中的火箭所需要的燃料质量往往超过火箭本身的有效载荷。

火箭方程式

现在我们继续用数学推导来探索和证明火箭飞行的条件。同前面一致，M_i表示火箭与所加载的燃料的质量之和的原始质量，M_k表示燃料燃尽后的最终质量。接着用c表示燃烧产生的气体从运行着的火箭喷出时的速度，而燃料燃尽后火箭的速度用v表示。

来自俄罗斯的科学家齐奥尔科夫斯基率先研究认为M_i、M_k、c和v这4个物理量之间存在一定关系，因此这个公式也被称为"齐奥尔科夫斯基公式"。

这个公式适用于一切在真空环境下无重力作用的飞行火箭，它又被称作"火箭方程式"：

$$\frac{M_i}{M_k} = 2.72^{\frac{v}{c}}$$

大家都知道这个公式里的字母是什么意思。而公式里的数字2.72则代表自然对数的底数。那么从这个 方程式 中我们可以看出一些问题。

> 方程式还可以表达为：
>
> $$q = Q(2.72^{\frac{v}{c}}-1),$$
>
> 这里的q是$M_i - M_k$，也就是装备的燃料的质量，当燃料消耗殆尽，火箭质量就减小到M_k，这也就是其有效载重质量Q。那么，装备燃料的质量q就等于括号内的表达式乘以有效载重质量Q。

众所周知，与炮弹完全相反，火箭能够在被点燃的时候达到比燃烧产物运动快许多倍的速度，而炮弹的速度则永远小于推动其运动的燃烧产物速度。

当我们想要让火箭获得喷出气体10倍的飞行速度的时候，就需要使得公式中的$\frac{v}{c}=10$，此时$\frac{M_i}{M_k}=2.72^{10}\approx 2200$，这也就意味着装载燃料之后的火箭重量应当是未装载燃料时质量的2200倍。换言之，燃料的重量是火箭自身重量的$\frac{2199}{2200}$，而实际上这是完全不可能做到的。

119

如果想要使$\dfrac{M_i}{M_k}$得到一个比较适当的比值，就要求有比较小的$\dfrac{v}{c}$。

打个比方，如果要使火箭速度达到喷出的气体速度的2倍，就要有$\dfrac{M_i}{M_k}=$ 2.72^2≈7.4。这也就意味着燃料的质量占火箭质量的87%，即$\dfrac{64}{74}$。

也有几种特殊情况：

表2　不同$\dfrac{v}{c}$值下得出的$\dfrac{M_i}{M_k}$值

火箭运行速度与喷出气体速度的比值$\dfrac{v}{c}$	1	2	3	4	5	10
装载燃料火箭的总质量与无燃料的火箭质量的比值$\dfrac{M_i}{M_k}$	2.72	7.4	20.1	54.6	148	2200

表中数据显示，在目前条件下想继续增加火箭的速度是不现实的，这样会导致第二行的数字猛增。打个比方，只有在装载燃料的质量达到火箭自身质量的50000000倍时，火箭的速度才能增加到喷出气体速度的20倍。

我们来做个简单的计算，一桶煤油中，煤油的质量仅仅是桶重的13倍，而在一个蜂窝中，蜂蜜的质量也仅为蜡膜质量的60倍。所以现实中的火箭速度都不会比燃烧产物速度的4倍更大。这个理论也说明，火箭喷出气体的速度越大，火箭需要携带的燃料质量就可以越小，这对火箭的研发来说是相当重要的。

如果想要达到最大的设计飞行速度，那么就很明确需要将火药替换为液体燃料。因为即使在"地球火箭"上装载火药能够达到所需的能量要求，

两个计算题

当需要完成宇宙飞行时，也完全不够用了。我们接着做两个计算：

1. 如果需要以最大速度500米/秒把质量为50千克的炸弹发射出去，需要让火箭装载多少火药？

设所需装载的火药量为x千克，且喷出火箭的气体速度为1000米/秒，那么根据齐奥尔科夫斯基公式得到：

$$\frac{M_i}{M_k} = \frac{50+x}{50} = 2.72^{\frac{500}{1000}} = \sqrt{2.72} = 1.6$$

由此可得$x=30$。若喷出火箭的气体速度是2000米/秒，那么14千克的火药就足够了。

2. 我们继续来算一下，需要多少火药才能使火箭将1吨的载荷从地球运送到月球？

为了使火箭在运送途中的燃料消耗量尽可能低，火箭所要获得的能量需要满足能够产生12240米/秒的速度。假设喷出火箭的气体的最大速度为2400米/秒，那么有：

$$\frac{M_i}{M_k} = \frac{x+1}{1} = 2.72^{\frac{12240}{2400}} = 2.72^{5.1} = 160$$

此时x=159，火箭装载的火药的重量占火箭重量的$\dfrac{159}{160}$，这是完全不可能实现的。

但若换成能使喷出火箭气体速度为4000米/秒的液体燃料，结果就大为不同：

$$\frac{M_i}{M_k}=\frac{x+1}{1}=2.72^{\frac{12240}{4000}}=2.72^{3.06}=20$$

此时x=19，火箭装载的火药的重量占火箭重量的$\dfrac{19}{20}$，这将把载荷的比重提高到5%。

现在读者就应该明白为什么现阶段的星际航天工作者主要任务应当是大力研发可应用的液体火箭燃料。也只有这种火箭燃料才能够使人类完成伟大的星际航行的壮举。

反作用力学

接下来我们继续关注反作用运动的力学。通过已知或计算得到的每秒喷出气体的速度和每秒内燃烧的燃料的量，我们就能够根据动力学基本原理来计算出燃烧产物对火箭的推动力的大小。由反作用定律可以得知，火箭喷出气体的瞬间动量（mc）与火箭本身的动量（Mv）是一致的，而火箭的动量与推动火箭前行的动量（$Ft=Mv$）也是一致的。那么假定$t=1$秒，火箭得到的推动力即为$F=mc$，这里每秒钟燃料燃烧的质量是m，每秒气体的速度为c。打个比方，一枚每秒燃烧160克燃油的火箭，它以2000米/秒（即200000厘米/秒）的速度喷射出燃烧产物，那么火箭所受到的推动力即为$160 \times 200000=32000000$达因，约32千克。

火箭工作者将火箭发动机的特性用下面的分数来表示：

$$\frac{每秒钟燃烧的燃料（千克）}{喷出火箭气体的推动力（千克）}$$

用上面那个火箭发动机的例子来说，就可以表示为"$\dfrac{0.16}{32}$型"。

重力的影响

接下来我们看一下重力对火箭运行的影响。

首先要说明的是，上述的推理过程都是基于地球对火箭的引力为0所做的假设。所以，考虑重力因素之前要先告诉大家，地球上的物体在做自由落体运动时，地球的引力对其造成的加速度是10米/秒^2。由此可得，当火箭不考虑地球引力时其加速度为40米/秒^2，而实际从地表发射时能产生的加

速度只有30米/秒²。

　　另外，如若火箭本身的加速度小于地球引力的加速度，那么无论火箭消耗多少燃料，燃料燃烧多久，它都无法从地面发射出去。更有趣的是，假设火箭自身的加速度与地球引力的加速度相等，那么火箭就会以一种不可思议的状态运行，即它将悬停在空中保持静止，直到它消耗完所有的燃料之后落回地表。

　　这就表示，火箭速度增长的大小完全是由燃料燃烧的快慢决定的。同时，这也将决定火箭在地球上运动时的命运：由于地球重力因素的存在，过低的燃料燃烧速率将会直接导致火箭无法飞行。

　　火箭垂直向上发射时的速度永远会比拥有等量燃料但是在没有重力作用下的火箭的速度低一些。这也就表明，当火箭自身运动的加速度比重力加速度大得越多，其在真空和在重力环境下飞行时的速度差异就越小。尽管如此，人类却无法承受地球引力3倍以上的超重，这将导致严重的危险事故。因此，从地球上发射的火箭必须考虑这种安全因素。

大气的阻碍

　　另一个能阻碍火箭飞行的重要因素就是地球的大气。但这个对火箭飞行的影响因素过于复杂，我们无法在本书中详细讨论。

对此，我只想补充一点，那就是大气对火箭产生的阻力要远远小于地球重力对其产生的阻力。打个比方，一枚重10吨、横截面积为41平方米的火箭，当它的运动加速度为30米/秒²时，爆炸气体对其的压力将达到30吨。而根据齐奥尔科夫斯基的计算结果，此时大气对火箭产生的阻力不到100千克，这完全是由于火箭良好的流线型外观所赋予的优异性能。根据德国星际飞行理论专家奥伯特的理论，从地球上发往太空中的火箭，在大气阻力的作用下速度仅仅会下降200米/秒。大部分行程都在地球大气中飞行的火箭，其受到的大气阻力将会远大于在宇宙真空环境下飞行的阻力。若以最经济的方案向月球发射一枚火箭，其最大速度将在1700千米高的空中获得，此时火箭早已离开大气层了。而在厚度仅仅为50千米的密实的大气层中，火箭的飞行速度相对是很小的，当刚好飞到50千米的高空时，其速度才达到1.7千米/秒。这种速度也就与远程炮弹的速度相当。所以，那些反对星际航行的人们所顾虑的火箭速度无法支撑其穿越大气层的说法是根本不值得考虑的。同样的道理，当火箭完成星际航行重返地球时，其速度也远不会像陨石撞击地球那么大。

从另一个角度来说，若是没有大气的存在，可能将永远无法实现星际飞行。刚刚我们讨论得知，在火箭发射时，大气的阻力将会导致其飞行速度降低，也将消耗更多的燃料；那么，很显然，当火箭从星际轨道重返地球时，因为大气阻力的存在，火箭将会大大节省燃料的消耗。因为大气会让火箭不用消耗太多的燃料就能将速度下降。

当然会有人提出这样的疑问：在太空中火箭如何改变运行的方向？其实方法非常简单，由于火箭的运行方向永远与其燃料燃烧喷射气流的方向相反，若要让运行中的火箭改变方向，只需要改变喷出气流的方向即可。一般有两种方法可以达到这样的目的：

- 采用能够回转的喷射口；
- 给喷射口装一个方向舵。

这样火箭驾驶员就可以通过操控喷射的角度实现对火箭运行方向的控制，哪怕旋转180°也没有任何问题。

Chapter 12
星际旅行

火箭的速度

当我们需要开启一段星际旅行的时候，首要考虑的就是火箭的速度。我们需要计算出为了使航天器能够从地球起飞并能负担该星际航程所需要的速度。之前我们推导的一系列数据已经能给这个问题做出解答。

众所周知，在地球大气层外绕地飞行需要7.9千米/秒的运行速度，而想要彻底挣脱地球引力的枷锁，飞往外太空，就需要达到最低11.2千米/秒的火箭运行速度。这里挣脱的枷锁仅仅是地球引力，而不是太阳对航天器的引力。如果以这样一种速度从地球向太空发射一枚火箭，它就会变成一颗独立的绕太阳运转的行星，绕日运行的速度为30千米/秒。这时候的火箭能够毫无阻碍地彻底离开地球，但是太阳的巨大引力仍然会使其在一个绕日的轨道上周期运动。同样的道理，若想使其摆脱太阳的引力，及时增加速度即可，当然也可以从一开始发射时就用更大的速度直接冲破太阳的引力阻力。为了能使火箭在整个太阳系里自由运动，甚至完全脱离太阳的控制，我们就需要让火箭具有16.7千米/秒的速度的能量。

当速度在11.2千米/秒到16.7千米/秒之间时，火箭就可以飞跃到太阳系内任意行星的轨道上。为了研究飞抵任意行星所需要的最低速度，我们通过计算，得到表3的数据。

有两点我需要强调：

●这里所提到的"速度"首先是火箭所能够储备的能量的尺度，其次才是其实际运动的快慢；

●火箭运行的速度将会遵循开普勒第二定律，是一个变化的过程，而不会按照一个恒定的速度离开地球并继续飞行。这也就说明随着火箭离开引力中心的距离增长，其运行速度也随之下降。

当然，未来的星际旅行将不仅仅是从地球上出发。在访问远程的其他行星时，我们将会从如表4所列出的星球上起飞。而为了摆脱这些星球的引力，火箭又需要多大的速度呢？现在我们仅需要该星球的半径和其表面的重力加速度就可以算出，计算结果见表4。

难度最大的就是从太阳上出发所需要达到的速度了，竟然高达61.8千米/秒。做个比较，若想

表3　从地球飞抵各行星所需最低初速度

从地球起飞到	所需最低初速度（千米/秒）
水星	13.5
金星	11.4
火星	11.6
木星	14.2
土星	15.2
天王星	15.9
海王星	16.2
冥王星	16.4

表4　从各星球飞抵远程的其他行星所需最低初速度

星球	所需最低初速度（千米/秒）
地球	11.2
月球	2.4
火星	5
金星	10.3
水星	3.7
木星	60
土星	85
天王星	22
海王星	24
冥王星	4.9

129

挣脱月球的引力，仅仅需要2.4千米/秒即可，这速度与120千米远程炮弹的速度相当了。

目前为止，火箭在宇宙中最容易起航和挣脱的天体就是小行星或者行星的小卫星了。例如，若想离开已知最小的卫星之一（一颗火星的卫星）的表面，仅仅需要20米/秒的初速度。因此将这种小天体作为未来星际旅行的中转站，完成宇宙飞船的短暂停靠和补给，将会十分便利。

然而，就目前而言，不论是哪种方法，想要实现在木星上降落并能够返航还是不现实的。通过计算可以得知，只有达到60千米/秒的初速度才能挣脱木星的引力，这是目前氢燃料火箭能够达到的速度的12倍。通过前面的火箭方程式，我们可以发现如果使$\frac{v}{c}$=12，那么$\frac{M_i}{M_k}$=2.72^{12}≈160000。我们根本无法做到制造一枚重量只有所负载燃料重量$\frac{1}{160000}$的火箭。因此，想要从木星、土星、天王星、海王星等大行星返回，目前是无法实现的。

星际旅行的航线

接下来，我们继续讨论星际旅行的航线及其所需耗费的时间。

一直以来，飞行器所需遵循的航线都是一个比较特殊的问题。我们都知道在广袤的宇宙中航行，走直线是最经济、最便捷的道路，那么，这种简便而经济的路线方法适用于宇宙环境吗？答案是否定的。

　　在星际航行中直线航行是极少的，大部分是曲线运行。因为这些在几何学上所谓的最短路线在实际航行中将会消耗更多的燃料，因此不会被采用。

　　现在我们知道，当火箭沿着地球轨道的半径方向（即地球运行轨道的法线方向）离开地球的时候，仍然可以与地球保持相同的运行速度，即在垂直于半径的方向上仍然有30千米/秒的速度。从这个角度出发，我们可以进一步探索这其中的奥秘。如果想让火箭以最短的路线飞行至火星，首先就要把火箭运行时在地球轨道法线方向上的30千米/秒的速度给抵消。而达到这一目的的唯一方法就是火箭拥有一个大小相等、方向相反的速度。根据上面的计算方式我们知道，这将需要让火箭装备达到自身重量1500倍的燃料。仅仅是这一条就无法完成了。而除此之外，还需储备一部分燃料，让火箭在飞往火星轨道的方向上产生相应的速度。最后，由于火箭飞向火星的方向与火星自身运行的方向成直角关系，所以还需要大量的燃料用于在火星上着陆和取得与火星相同的在轨运行速度——24千米/秒。所有这些因素叠加在一起，使得火箭所需的速度和燃料的量无比巨大，根本无法实现。

　　不论是外行星还是内行星，只要是照着直线方向飞往别的行星就会有相似的困难。所以，只有放弃这种直线的航线转而选择别的路。

联想到航海家利用水流和风能来操控帆船前进的方向，那么星际旅行时，太阳的引力也可以被星际飞行家用来确定满足天体力学定律的航线。一般而言，这种航线都是稍微圆一些或者扁一些的椭圆形弧线，基本不会是直线。也就是说，这些宇宙飞船都是按照圆锥曲线飞行的，这与所有的天体运动是类似的。

我们先来看一下如何去临近行星——金星和火星，虽然月球离我们更近，但由于路线较为复杂，我们后面另行探讨。

采用一种类似椭圆形的航线就可以消耗最少的能量飞抵火星，这个椭圆能够在飞行的起点和终点分别与地球和火星两个行星的运行轨道相切，也就是说这个椭圆包含了地球的轨道并且也在火星轨道内。

如 图30 所示，T和M分别代表地球和火星的位置，飞船的航线即为椭圆TM。沿着椭圆TM的方向前进的火箭运行速度必须满足天体力学定律。在航行的开始，飞船利用积累的速度沿着椭圆形轨道飞往M点，当经过严格的计算后，可以使得该点即为火星在那一刻所在的位置。当乘客们在那时对火星进行近距离观察而不着陆后，火箭继续沿着轨道返回

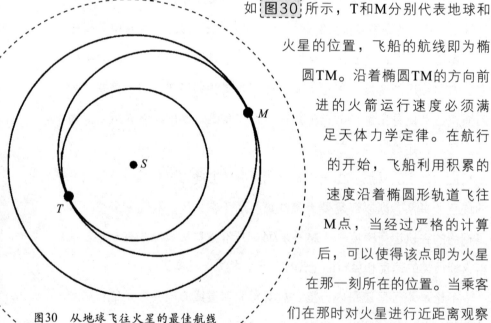

图30　从地球飞往火星的最佳航线

T出发点。那么此时，能否重新回到地球呢？答案是否定的，整个航线将会消耗519天，这将导致地球早已远离原来的位置。

这样一来，若想顺利返航，火箭必须作为火星的一颗卫星绕行，等待一段时间。德国星际旅行理论家荷曼曾经计算过，在飞抵火星后只有绕行等待450个日夜才能顺利返航。由此一来，整个航程将要花费将近970个昼夜。这已经是最经济的航线了。如果想要减少时间的消耗，那就只有增加飞行速度这一种方法了，而这也将导致燃料的大量消耗。

整个航程将花费约3年的时间，那么乘客所需的大量食物也成为棘手的问题。如果在未来能发明一种质量很轻却能提供人所需营养和能量的药丸就很完美了，在这里我们不详细探讨这种假设，但我想说的是这是一种天方夜谭。只要人类还是这样的人类，自然界也没有发生根本的变化，那么想要通过几种药丸就能维持人类生命，这是绝对不可能的。这就相当于用3片面包给5000人充饥一样滑稽。我们以每个人最低限度一昼夜消耗600克的粮食来计算，参加星际旅行的每位乘客都需要半吨以上的食物，这就导致所需的燃料将额外增加几十吨。

总而言之，想要实现飞往 火星 的星际旅行所面临的困难是难以想象的，目前无法解决。

图31　火星

133

　　但是，无论怎样解决这些难题，都不会采用直线飞行路线。相反地，我们会在充分利用太阳的引力这个免费能量时采取更长的弧形路线抵达火星。太阳的引力是客观而恒定存在的，就如同星际航行家克莱尔所说："引力只是我们往返火星旅行中前10分钟的敌人，而之后都将是我们的朋友。"

　　同样地，若要前往地球的另一个邻居金星，太阳一样可以用同样的方法给我们提供帮助。这时候，我们也将采取椭圆形的航程，这个椭圆将会内切于地球的轨道，同时外切于金星的轨道。这条椭圆形的航线单程将会消耗147个昼夜，往返全程将会消耗295个昼夜。如果想要顺利重返地球，则需要作为金星的卫星等待470多个昼夜。

　　除此之外，荷曼工程师还提出了另一个消耗较短时间前往 金星 旅行并返回地球的旅行设计方案，这需要在航行途中增加一点燃料的消耗，使航行时间减少到1.6年。同时，他还提出另一条在一年半内飞近火星和金星的航线。另一位来自德国的研究家皮尔克工程师则拟出了航线，虽然他把飞往火星和金星的航程分别缩短到了192天和97天，但是这都将大大增加燃料的消耗。当选择同时与地球和金星的轨道都相切的椭圆轨道时，整条路线就只需要花

图32　金星

费64个昼夜。这其中的代价就是大大增加了经济成本。

除了火星和金星外，我们继续来探讨如何前往离我们最近的星球——月球。

图33 月球

目前有两个可行的方案：第一个是在月球表面着陆；第二个则是飞抵月球轨道外以观察在地球上我们无法观测到的月球背面。读者可能早已知道月球永远都是以一面对着地球，另一面我们无法观察到。

凡尔纳曾经草拟了最经济的飞抵月球的办法。如图34所示，火箭沿着扁长的椭圆的曲线飞行，这样最节省燃料。这个椭圆轨道的一个焦点重合于地球中心。我们假设月球固定不动，那么离地球最远的点（远地点）会在地球和月亮之间引力相等的地方。一开始火箭燃烧燃料获得的飞行速度将会延续到沿着椭圆从地球飞到A点，这整个过程不需要消耗额外的燃料。根据原本的计划，火箭将在抵达A点后顺着椭圆原路返航，但是驾驶员也可以点燃另一个小型爆炸装置使得火箭偏离原本的

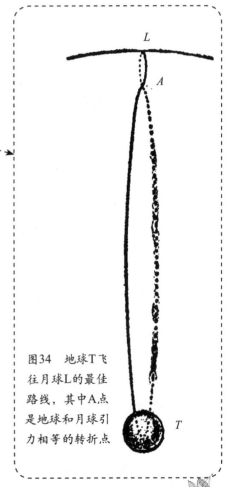

图34 地球T飞往月球L的最佳路线，其中A点是地球和月球引力相等的转折点

135

航线，而走向另一个比较小的椭圆航线中，这样它就将降落在月球表面。诚然，月球的绕地运动会改变一点火箭的航线形状。但是大体上来说，火箭还是会沿着S形的路线前进，这个转折点在距离月球大约40000千米的位置，也就是A点。

航　期

我想再给上面的简单介绍补充一些细节。

在火箭发射后，初始速度很低，但随着时间的推移，速度逐渐增加，在6分钟后能够达到最高的9780米/秒的速度（相对于地球）。此时的火箭已经在1700千米的高空中了，这将远远超过大气层的厚度范围。因此在30千米高度的密实大气层内，火箭的运行速度是小于1300米/秒的，并且是有节制的。这样一来，那种大气层的摩擦生热使得火箭熔化的理论就不攻自破了。

当火箭达到1700千米的高空时，火箭的实际运行速度能够增加到9780米/秒。此时驾驶员需要做的就是关闭发动机，让火箭以自身的惯性继续前进，而地球的引力将使其速度逐渐降低。当火箭运行到地球与月球之间引力相等的位置时，其运行速度将会降至0左右。然后从这个位置开始，火箭逐渐受到月球的引力而向着月球的方向运行并逐渐降落，直到距离月球表面大约90千米的时候，驾驶员需要重新打开火箭推进器。此时推进器的方向应当调整到面向月球。燃料重新燃烧产生的气体喷向月球表面。通过这种反冲力，使得火箭的降落速度下降，从2300米/秒逐渐下降到0。

那么这样的行程需要耗费多少时间呢？通过计算，我们得到下列数据：首先火箭从地球上发射并运行到地月引力相等点的位置需要花费4.1昼夜。从这个点开始，火箭受到月球的引力作用而逐渐向月球降落。不考虑此时地球的引力因素，火箭需要花费1.4昼夜，即33.5小时即可顺利降落到月球表面。但同时火箭仍然受到地球引力的牵制，这将大大减缓其降落月球的速度。数据显示，火箭需要额外花费大约1倍的时间才能降落到月球上，因此整个运行的时间应当是4.1+2.8=6.9昼夜。

如果想通过这种最节省燃料的方案抵达月球，将花费整整一周的时间。并且在这样的星际航行过程中，火箭只有短短7分钟的时间需要燃料推进，其他的时间都是通过惯性和天体的引力作用完成。

当然，在条件允许的情况下，能够使用的燃料越多，自然抵达月球所消耗的时间也就越短。打个比方，当火箭在1666千米的高空仍能够获得10千米/秒的运行速度时，那么它将在运行43小时后抵达地月引力相等点，此时火箭速度将降到1500米/秒。之后从这个点到降落月球表面将花费6小时，这样全程只需要2昼夜即可。

另外，前几次的飞行因为需要对月球进行详细的勘测而将不能实

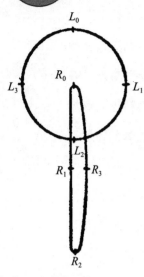

图35　荷曼设计的飞往
月球轨道外的路线

际降落在月球表面。这种考察将会让火箭在距离月球极近的轨道上运行一周甚至更长时间。而这种绕月飞行勘测将不会消耗过多的燃料。

荷曼在《天体可以到达》这部著作里详细阐释了如何在月球轨道外观测到地球上无法看到的月球背面。他用R和L分别表示火箭和月球，草拟出了合适的路线图（图35），同一时刻火箭和月球的位置用相同的脚码来表示。从R_0位置发射后，火箭将依次行经R_1、R_2、R_3，然后重新回到R_0。为了使整个飞行过程中火箭与月球之间的最小距离大于月球的半径，火箭发射的时间要慎重选择。因为只有这种距离的飞行才能使月球引力不至于完全抵消掉地球引力，小于同一时间地球对火箭引力的$\dfrac{1}{20}$，从而不会大幅改变火箭的运动。而我们此次星际航行的目的也就是在R_2点实现对月球背面的观测，此时月球刚好位于L_2点。为了让月球背面有太阳光照耀、方便观测，我们必须选择合适的火箭起飞时间，使得月球运行到L_2点位置时刚好处于新月期。

我们来看一下如何实现荷曼设计的航线。当火箭以11200米/秒的速度从地球发射并运行到距离地球40000千米的高度时，由计算可得火箭速度将会降到4350米/秒。荷曼研究发现，若火箭在此时继续燃烧燃料提高速度，并将速度每秒增加110米，那么火箭就足以维持其椭圆形轨道的飞行。而这椭圆形轨道中最远的一点R_2点的距离正好等于800000千米，也就是月球轨道的直径。若想从这个远距点重新回到地球上，火箭运行速度还需要适当增加，即每秒增加90米。这说明除了火箭发射时需要点燃消耗部分燃料，在星际航行中仍然需要进行两次时间较短、燃料消耗量较少的点火过程。荷曼计算得出结论，整个航期大约是30天，当然需要火箭携带2800吨的火药和3吨的生活必需品。上一章的介绍告诉我们，如果换用汽油和氧气来代替火药的话，将会消耗更少的燃料。

宇宙中的航行要求驾驶员有非常强的太空方向辨识能力。他们需要在飞行的每个时刻都精确地掌握火箭飞行的位置。那么驾驶员将如何知晓这一点呢？比如，如何判断火箭是否仍在正确的航线上行驶而没发生偏离。

其实在天文学上，确定宇宙空间中的精确方位并不是一个复杂的问题，这些都是提前计算好的。同时，地球和目的星球之间的角度和地球上看目的星球应该处于哪些恒星之间也是需要在旅途中的每一刻都清晰知晓的。驾驶员在飞行的同时测量出地球的角度以及地球在几颗恒星间的位置，并根据这些数据来判断航程的距离。比如，实际的地球视觉大小大于计算的结果，那就说明火箭运行速度过慢，距离地球的距离相对较近。又或者如果观测到的地球所处的位置与计算得到的恒星距离较远，那就说明已经偏离了航线，需要及时改变航向。这种通过天体位置来给自己定位的方法在太空中尤为便利，因为真空环境下没有大气层的存在，所有的行星在恒星照耀下都能看得一

清二楚。

火箭在目标行星上是如何降落的，这是另一个极重要的问题，目前我们还没有进行相关探讨。火箭降落的困难之处我们将在后面几章进行阐述。

Chapter 13
齐奥尔科夫斯基
的方案

除了上述一般性的问题外，航天飞行器的设计也十分有讲究。俄罗斯数学家齐奥尔科夫斯基在这一理论探讨方面，从时间到全面性和多样性都颇有建树，因此我们选择介绍他的设计方案。

方案具体的、有意思的研究内容是科学性专著来体现的，不是我们科普读物的职责。因此我们只把齐奥尔科夫斯基 论著 中的征服宇宙

的一般步骤给读者讲解清楚。这种简要的介绍能够帮助读者想象出大气层外真正宇宙飞行的图景。

> 主要是1926年于卡卢加出版的《用喷气器械来研究宇宙空间》一书。

发射火箭

火箭应当从具有10°~12°坡度的跑道的某处山地发射，发射场的跑道应该尽可能平直。首先用汽车来装载火箭，高速运动的汽车给予火箭更大的初始速度。如此一来，火箭在燃料的推动下独立起飞。随着飞行速度的逐渐增大，起飞的陡峭度相应减小，使得火箭飞行越来越平缓。当火箭离开大气层时，将会采用水平的飞行方式，然后像一颗地球的卫星一样在距离地球1000~2000千米的高空围绕地球旋转。

我们之前说过，天体力学定律告诉我们当速度达到8千米/秒时即可做到这点。而这个速度应该是通过适当控制爆炸逐渐达到的，这能让火箭的加速度小于地球引力的加速度（10米/秒^2）。

正是这种预防措施的存在，火箭中的乘客才不会被燃料爆炸所制造的人造重力所伤害。

图36　齐奥尔科夫斯基（1857～1935）被称为"星际航行之父"

第一阶段

星际旅行最难的阶段就是第一阶段，它的目的也就是使火箭变成地球的一颗卫星。同时，只要增加一点爆炸让火箭的速度提升至1.5～2倍，就可以继续让火箭远离地球，飞往月球甚至是太阳系别的地方。齐奥尔科夫斯基在他的著作中写道："通过这种方法我们可以顺利让火箭降落在火星和木星轨道之间的小行星上，降落在这些小行星上并不困难，因为它们直径很小，不超过400千米，这就导致它们的重力很小。在这

143

些小行星上我们可以获得关于宇宙航行的原始资料……"

我们接下来详细讨论一下在齐奥尔科夫斯基的著作中描述的星际旅行的第一阶段，也就是决定性的阶段。

之前我们说过在发射前，火箭由汽车提供初速度。除此之外，其他任何交通工具，如轮船、飞机、飞艇、机车甚至是火药发射或者是电磁发射的大炮等，都能承担这个任务。当然，如果可以在保持较低成本的前提下，增加大炮的长度来减小炮弹中的人造重力，那也是可以的。另一方面，上述除大炮外所有的工具因为轮缘或者螺旋桨末端的圆周速度不能超过200米/秒，所以它们都无法达到700千米/小时的速度。如果超过这个速度，就会使旋转的部分发生折断。然而，火箭从地球上发射的时候需要尽可能获得更大的速度，这是非常重要的，越高的速度就越能降低在火箭上需要存放的爆炸物质的数量。

地球火箭和宇宙火箭

齐奥尔科夫斯基建议用一枚辅助火箭代替汽车或者别的工具来启动火箭。这个"地球火箭"是区别于上述在星际航行中所使用的"宇宙火箭"的。将宇宙火箭内置于地球火箭中，地球火箭为宇宙火箭提供适当的速度，当达到合适速度的时候，地球火箭果断与宇宙火箭分离，而地球火箭本身是不离开地面的。分离后的宇宙火箭将会独自在宇宙中航行，如图37所示。

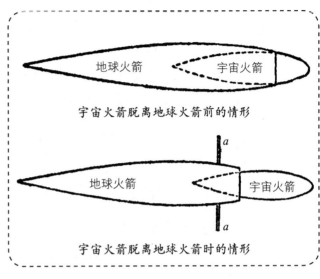

宇宙火箭脱离地球火箭前的情形

宇宙火箭脱离地球火箭时的情形

图37　齐奥尔科夫斯基设计的火箭示意图

地球火箭本身是没有轮子的，它通过爆炸作用在润滑得很好的跑道上快速滑行。在这样的滑行道上摩擦所消耗的能量因润滑的效果很好而变得很低。而对于火箭的空气阻力来说，地球火箭都是设计成很长的流线型外观，这样就使得空气阻力被减小到最低。如果我们能制造出一个长度等于其粗细的100倍的火箭，那么其空气阻力就可以小到忽略不计。但是从实际情况来看，一般地球火箭的长度都是在100米以内，其粗细也有好几米，所以地球火箭的长度是粗细的20～30倍。在这种情况下，地球火箭因阻力所消耗的能量也只占火箭总能量的百分之几而已。

火箭准备发射时，地球火箭装载着宇宙火箭在跑道上飞速滑行，当火箭达到合适的速度时，宇宙火箭就与地球火箭脱离，从而让宇宙火箭释放到外太空。对此，齐奥尔科夫斯基想了一个释放的简单方法：通过让地球火箭及时刹住，使得内部的宇宙火箭由于惯性因素冲

出地球火箭。与此同时，宇宙火箭开启爆炸装置，通过燃烧自身的燃料来支持高速前进。而让地球火箭刹住的方法很简单，只需要在跑道末端增加摩擦，去掉润滑，由于摩擦阻力的增大，导致地球火箭不需要额外的能量消耗就能够逐渐停止运动。除此之外，也可以让火箭从内部伸出一个与火箭垂直的制动板，火箭前面部分露出的钝角面所造成的极大阻力也能快速让火箭停下来。

这样一来，通过地球火箭来为宇宙火箭提供初速度，能够大大减少宇宙火箭的载重，同时也可以让宇宙火箭所需的燃料量大大减少。

根据前面的介绍，我们知道只有当火箭具有17千米/秒的速度，它才能克服太阳的引力，在整个太阳系里自由航行。若是使用氢作为燃料，那么必须携带超过火箭其他部分重量30倍的储备燃料（如果是石油的话，将会超70倍）才能使火箭从静止状态逐渐增加到最大速度。若是想把这个比例减小到$\frac{1}{3}$，需要让宇宙火箭从地球火箭分离时就获得5千米/秒的速度，这样火箭上携带的氢和氧的爆炸物的重量是火箭自身重量的10倍。而为了获得5千米/秒的起始速度，地球火箭需要以50米/秒^{2}的加速度在地面滑行25千米。为了能够承受这段时间内的超大重力（火箭内部重力将会增加到原来的5倍），乘客应当浸在水里。

总而言之，想在地球上获得这种速度确实有一定困难，所以速度可以稍微降低一些。

现在我通过几个数字让你们脑海中形成一个概念，也用来结束地球火箭这个话题。除了内部装载的10吨重的宇宙火箭外，地球火箭应当携带40吨左右的燃料质量，它自身重量大约10吨。所以火箭总重量将会达到60吨。我们也可以降低地球火箭的质量，但这样其好处也会大大降低。跑道的长度决定了火箭启动需要的时间。爆炸使得火箭的速度大大增加，并导致人造重力的增加。而这种重力的增加范围应当在地球重力的$\frac{1}{10}$到10倍。根据齐奥尔科夫斯基的理论，如果加速度过大（远大于地球加速度），那么乘客都必须浸在水里才能防止被超重压伤。当加速度小于30米/秒^{2}时，乘客就不会受到伤害，因为这种人造重力毫无危险，乘客可以承受。但是当火箭在较短的航程内需要急剧刹车时，就会导致产生十分猛烈的人造重力。这将会对人造成很大的伤害，所以不能人工控制火箭中的爆炸，必须实现自动化。而对于宇宙火箭里的乘客来说，急剧刹车并不会导致身体受到伤害，因为当地球火箭刹住的那一刹那，宇宙火箭与之分离，乘客依旧保持既有速度乘坐宇宙火箭继续航行。

宇宙火箭的结构

齐奥尔科夫斯基认为用作星际飞行的火箭尺寸一般都比较小，长约10～12米，直径1～2米，然后通过把几枚这种

类似雪茄的火箭通过肩并肩的方式紧紧地连在一起，就可以使火箭在地球或者其他一些星球上顺利降落。火箭的外壳一般都是用钨钢、铬钢或锰钢等适当厚薄的钢制成的，齐奥尔科夫斯基曾经计算过，100立方米的火箭的外壳重量大约不超过1吨。

因为价格低廉，同时燃烧时产生的气体喷射速度能高达4千米/秒，所以石油顺理成章地成为最常见的燃料。相比较之下，纯净的液态氢燃烧时能够产生喷速更高的气体（不到5千米/秒）。这显然效果更好，但是液态氢的成本太高。

另一方面，在火箭上会选用液态氧作为助燃和供给乘客呼吸的氧气。这也很好理解，因为如果选用压缩气体的话，就必须装载在密闭的厚壁容器中，而这种容器将会比所盛气体的重量大很多倍。通过这种方式携带氧气，将会使火箭增加死载重。每使火箭增加1千克的死载重，将会给星际火箭航行带来很多不利的因素。

液体气体一般可以放在敞开的容器中，这样其对容器壁的压力就会小很多。同时温度低达−180℃的液态氧又可以用来持续冷却爆炸管燃烧时的灼热部分。因此我们大都选择使用液态氧而不选择压缩气体。

爆炸管又称为喷管，这是火箭上的一个极其重要的组成部分。齐奥尔科夫斯基所设计的宇宙飞船喷管长达10米，狭窄部分的直径有8厘米，重量大约为30千克。燃料和氧的装载是通过小于100马力的马达从喷管狭窄的部位喷入，因此使得越靠近喷管末端的部位温度越低，而越靠近喷管开始的部分则温度越高，最高能够达到3000℃。喷管呈圆锥形，倾斜部分的承口角在30°以内，根据前面所说，倾斜部分的冷却是利用液态氧。这样的承口角让管子能够更好地利用燃烧产生的热量，同时缩短很多倍长度。

这种用作星际旅行的宇宙火箭还需要装载舵，它们分别是用来调整高低的水平舵、用来调整方向的垂直舵和侧翼稳定舵。这太不可思议了！火箭上需要装载舵的主要原因有两个：首先，与飞机相同，火箭在降落的时候需要滑翔一段距离，此时是没有爆炸的；其次，即使在外太空，燃料燃烧的气流从喷管喷出，喷到舵叶就会发生转向，偏离原始的航向，所以此时仍然需要舵来控制火箭飞行的方向。这样的话，舵就需要装在火箭爆炸管的旁边。

由于星际飞行的幻想者们（小说家）都已经比较正确地描述过火箭客舱中必需的装备了，因此我不想再一一赘述。我们要记住的是，火箭客舱中必须含有氧气，这是旅客生存的条件之一，而氮气就没那么必要了。一般而言，氧气的气压等于$\frac{1}{5}$或$\frac{1}{10}$气压即可。火箭的窗户一般用石英制成，同时用普通有机玻璃做保护层。它必须坚固耐用，同时要能够抵挡紫外线，这样可以保护旅客不受太阳发射的紫外线的伤害。另一方面，高度透明的石英玻璃还将有利于对宇宙的观察及在驾驶火箭的时候控制方向。

第二阶段

当上述所有条件都满足的时候，宇宙飞船就可以开始星际旅行了。我们讨论过，整个航行大体上分成两个阶段，第一个阶段是从其发射到围绕地球旋转，第二个阶段是从绕地轨道中改变航向，飞往太阳系其他星球。然而想要降落到别的星球上，并不是很简单的，甚至远比想象的要困难。火箭和行星分别以两种不同的速度和方向在运动，其中火箭要是垂直降到行星表面，那么火箭将会遭受毁灭性的撞击。另一方面，火箭在完成星际旅行重返地球时，也必然要经历降落的环节，如何把速度降低到适合降落的速度呢？这是两个同样的难题，需要解决。

目前有两种解决方法。第一种是类似机车驾驶员打开"回气阀"使疾驰的列车刹住的方法。运用在火箭上就是将火箭的爆炸管喷口掉转方向，对着行星表面，这样一个反向的喷气产生的反推力使得相反的速度与原来的速度相抵消，起到缓冲的效果。最终，相对于行星来说，火箭的速度降至0。但这其实从理论上不可行：假定火箭需要在地球或者与地球质量差不多的星球上降落，并且发射火箭需要火箭质量$\frac{9}{10}$的燃料重量，那么就必须花费剩余火箭质量的$\frac{9}{10}$才能使火箭停下来。

如此一来，两次燃料消耗加起来就是 $\frac{9}{10} + \frac{1}{10} \times \frac{9}{10} = \frac{99}{100}$，即需要消耗99%的燃料，仅有1%燃料剩余。这就意味着火箭自身质量要小于装载完燃料的总质量的1%，制造这种火箭其实是相当困难的（避免使用完全不可能这么绝对的字眼）。但这仅仅是一次降落，当要从另一颗星球上重新起飞的时候，就又需要火箭剩余质量的 $\frac{9}{10}$，然后继续回到地球降落，还要消耗剩余质量的 $\frac{9}{10}$。这么一算下来，做个极端的假设，如果火箭在最开始出发的时候总质量有10000千克，那么按照这个理论，其重返地球时只剩下1千克了！

上述结论表明，如果那些行星上没有大气层可以让火箭制动，那么人们将几乎无法正常抵达该星球的表面，这真是一件令人难过的事情。

下面我们来讲第二个降低火箭运行速度的有效方法，即齐奥尔科夫斯基所设计的如 图38 所示的方法。首先，火箭一直在围绕行星做圆形的绕行，当火箭进入行星大气层时，其飞行将会受到大气层的阻力，导致火箭每绕行星飞行一圈，

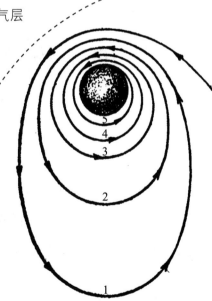

图38 地球大气层给从星际旅行中返航的火箭降落提供制动便利和螺旋形的绕行航线

151

其速度就会相应减小，而速度减小又会导致其绕行轨道逐渐变小。最终，火箭以一种逐渐缩小的螺旋形轨迹围绕行星运转。当火箭距离地面的高度持续降低，为了降落时足够安全，火箭可以选在海面以滑翔的方式降落。德国星际飞行家荷曼也曾经提出并详细论述过这种利用大气来制动的降落方法，只是他比齐奥尔科夫斯基提出的时间晚很多。但上述方法只能给火箭的运行带来些许便利，仍无法真正解决火箭在星球表面的降落和再起飞的问题。

预备性实验

上面阐释的就是齐奥尔科夫斯基所具体畅想的星际旅行的整个轮廓。但我们不能完全照搬这种理论，认为这种描绘是具有绝对意义的，因为到具体实践的时候一定会不断修订这些理论。这只是一个初步的研究计划，是一个星际旅行的草图，我们可以以这个作为宏观的概念畅想。就像齐奥尔科夫斯基本人所说的那样：

我根本不妄想这套方案能够直接完成星际旅行。很多事情在开始的时候都是要畅想的，难免会被人认为是天方夜谭。而只有在根据科学的计算论证之后，最终实现这个计划，整个思想才算真正完成。

目前我在星际旅行这套理论中的所有计算仍然只是创造的中间阶段。我仍然深深地知道，理想和现实之间存在巨大的鸿沟。我这辈子所有的理论除了畅想和计算外，还都用双手来实践过，实践出真知。当然，想象也是极其重要的，理想是驱动我们最终成功的最大动力，是精确计算论证的前驱。

齐奥尔科夫斯基认为这种预备性的实验不应当拖延至遥遥无期，现在就可以开始着手施行。他曾在他的《宇宙火箭的实验准备》一文中介绍过这种实验，可以为后续的工作提供很有利的实践指导。

除此之外，齐奥尔科夫斯基在1929年提出的一种普通喷气式发动机的想法也很有实际意义，值得我们关注。下面我们节选该文章做一些介绍：

1895年起，我就开始研究喷气类的机械，但是在工作了34年后的今天，我才仅仅得出一些简单的结论。其实这种发动机早就被研发出来，我也就只是在其中略加补充，实在是简单得很。

喷气式发动机又称为爆炸式发动机（亦称为内燃式发动机）。目前来看，燃料燃烧喷出气体的反作用力都被白

153

白浪费了，完全没有被利用。

这是由于本身参与燃烧的燃料较少，同时火箭的速度也较小，又有大气的存在，这些气体的作用就会大大减弱。

而对于用圆锥形喷管向后喷气的飞机来说，情况就完全不一样了，它们是在稀薄的大气层里做高速飞行的。齐奥尔科夫斯基之前的计算显示，1000千瓦的发动机每秒能够喷出5.6千克的蒸汽和气体。这些气体已经足够给予火箭较大的速度了。

如果一枚火箭自身重1吨，燃料燃烧每秒能喷出的产物比上述发动机稍少一些，仅有5千克，那么800秒钟后它的速度将达到8千米/秒。而将现代的1000千瓦发动机装载到火箭上是完全可行的，因为它仅有半吨重。这套方案给在稀薄的大气层中或者在大气层外航行的火箭用的喷气发动机提供了有力的支撑。

齐奥尔科夫斯基所编写的《新式飞机》一书中的"喷气发动机"一节详细描述了这方面的内容。

Chapter 14
人造卫星

地球外的航天站

下面我们要讨论的设计对没有思想准备的人来说将是异常奇怪的，这是一个非常大胆的设计。而这种设计也是从星际旅行的理论中推断所得出的，那就是在宇宙中建造一颗人造地球卫星，它将用作星际旅行的出发站。这种地球以外航天站的建造，目前看来是星际旅行的必经阶段，它将大大减小星际旅行中的困难。

之前的阐述让我们知道，仅仅是为了将火箭发射到太空中就需要装载大量的燃料。如果想要使火箭在目的行星上降落并且顺利返回地球，那飞行所需要燃料的量将是无比惊人的。不过上面所讲的只适用于火箭直接从地球表面起飞的情况。如果宇宙飞船是从地球以外的绕地球运转的航天站起飞，而不是直接从地球起飞，那情况就截然不同了。这个航天站一般离地球不远，并且其运行轨道完全在大气层以外。

下面我举个例子来详细说明。我们想把以石油为原料的火箭从地球发射到月球上去，如果这是个往返的航行，直接从地球上起飞，那么火箭的初速度将要达到11千米/秒，同时火箭所要装载的燃料的质量是火箭自身重量的120倍，这种燃料一般是石油和液态氧。如果火箭是从距离地心40000千米以外的绕地球运转的卫星上发射，而不是从地表发射，那么这些数据将会截然不同，这两者的差别是巨大的！当从地球外面的航天站发射的时候，初速度仅仅需要1千米/秒即可，并且火箭所需要装载的燃料仅仅是火箭自身质量的一半。既然我们永远不能够建造出装载的质量是自身质量100倍的火箭，那我们就可以把设计的核心转移到地外航天站上，这样我们仅需要建造出能够负载自身质量一半的火箭即可。这种星际旅行的方法也可以用于其他的星际航线。

上述的解释让我们清楚地知道，设立地外航天站将会为我们的星际旅行提供很大的便利，这也是齐奥尔科夫斯基率先提出的。另外，这颗人造卫星（功能类似月球）将会与现代的产物一样，是由金属制造而成的，而不会像其他的天体一样由岩石构成。它其实是由多个火箭陆续发送至太空中的零件组合而成。这种类似月球的卫星将会依照开普勒定律和牛顿定律围绕地球运转，与月球一样，这样的飞行不需要消耗大量的燃料。

航天站生活

在这个星际航天站上的生活将会类似在潜水艇里，生活方式将会与在地面上完全不一样。但与潜水艇其实也有一点

区别。我们的航天站将会吸收太阳能，这种广泛而免费的能量是非常重要的，它可以透过由玻璃和石英制造的窗户。正因为这样，在太空中种植绿色植物将十分可行，这些绿色植物通过光合作用所生产的氧气将会弥补人类呼吸的消耗。所以，这个航天站将是一个物质和能量循环系统的体现。但又因为宇宙中没有重力，所以这样的世界将会与地球有着不一样的面貌。

齐奥尔科夫斯基对航天站上的生活已经有所描述：

航天站上的住所将是经过特殊设计的，住所必须明亮而安全，同时环境中的温度需要适宜人类和植物的生长，氧气也是必不可少的，食物的供应也不可以短缺。总而言之，这样的住所对人类的生活和工作都将是极为便利的。所有的这些必需品将会通过火箭分批次从地球上运送过来，抵达航天站之后它们将会被拆下并且组装。住所是一个密闭的环境，只允许有阳光透过而不可以有气流的交换，一般是由镍钢、普通玻璃、石英玻璃等制造而成。房中的氧气密度等于大气的$\frac{1}{5}$。同时，少量的二氧化碳、氮气和水蒸气也是必不可少的。为了让植物能够正常生长，为数不多的肥沃湿润的泥土也会从地球上运抵空间站。然后在阳光的照射下，播撒在泥土中的种子将会发芽成为块根植物或者其他作物。

相比于在地球上，航天站上的各种工作都比较容易。由于太空中根本没有重力的存在，一些很轻的建筑材料就可以用来建造无比巨大的建筑物，因为这些建筑物是不会被压坏的。然后人类可以在航天站上以各种姿势工作，这里不存在上下，也不会跌倒。如果想要运输一些物件，不论它的尺寸和质量有多大，只要轻轻一推就可以将其挪动，极为省力。

目前这种地球以外的航天站的草图早已被设计出来，它主要分成太阳光发动机的装置、人工操作的地方以及人类居住的地方3个部分。因为航天站会一直处于旋转的状态，所以需要人造重力。

人造卫星的基本问题

关于航天器已经解释很多了，下面我们来谈一谈在天文学上人造卫星所要遵循的一些基本原理。开普勒第三定律规定：人造卫星与地心之间的距离决定了卫星绕地球一周所需要的时间。当航天站与地表之间的距离等于地球直径时，航天站的绕地周期将会达到$7\frac{1}{3}$小时，也就是说它的

运行速度就会超过地球的自转，从地球上来看就是西起东落。而我们只要设计好航天站距离地球的位置，就完全可以使其围绕地球一周所需要的时间等于24小时。这个距离约是离地球表面35000千米，是距离地心的地球半径的6.66倍长。这对航天器来说将会极为便利，因为这样的人造航天站将会永远停留在赤道上的某一个定点，就像永远悬停在一座无形的35000千米高的山峰顶上。远程航行的航天飞行器就可以在峰顶的航天站上补给所需要的能源，然后继续完成它的星际旅行。

之前我们说过，从这里出发是非常便利的，因为航天器从这里挣脱地球引力的枷锁将只需要$\dfrac{1}{6.66^2}$，也就是$\dfrac{1}{44}$的力量即可，会比在地表上容易得多。而且这个航天站本身具有一定的速度，即3.1千米/秒的圆周运动速度。要改变航天站运转的方向，仅仅需要增加1.3千米/秒的速度即可。航天站距离地面越近，所需要增加的速度也就越小。

然而，虽然这个航天站距离地球表面比较近，但是想要从地球上运输所需要的零件并在太空中完成组建仍然是比较困难的。火箭必须以10.5千米/秒的速度从地球表面发射，才能够顺利抵达这条轨道并且在轨道上运行。而这种装载了石油的火箭质量将是火箭原来质量的13.5倍。这个比值需要增加到15才能够使火箭通过额外的爆炸顺利驶入自己的圆周运行轨道，这个运行轨道与航天站的轨道是重合的。一般来说，这个比值已经是最大的了，因为火箭不需要重新返回地球，所以航天站上也不需要有额外的燃料。这样看来，虽然航天站的设置比较麻烦，也耗费巨大的精力，但相比于直接将火箭从地球表面发射、完成星际旅行并重返地球来说，实施的难度将会下降许多。此外，未来往返于航天站和地球表面运送物资的火箭将可以实现自动发射。

因此，在地球外设置航天站将是实现星际旅行并返回地球的必经阶段。接下来问题的中心就转移到了航天站的建立。这个问题需要好好处理，只有将它完美解决了，后续的难题才能迎刃而解。对于星际旅行家来说，地球以外的航天站的建设是一项重要技术，同时也是天文学上的任务。

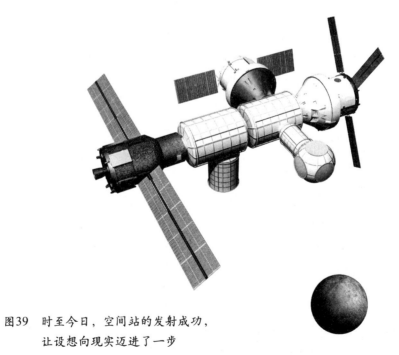

图39 时至今日，空间站的发射成功，
        让设想向现实迈进了一步

Chapter 15
太空生活

　　未来参与星际旅行的人们将可以从火箭的玻璃窗清晰地看到宇宙中的美景，这也是现在的天文学家们所羡慕的。现在我们用最大的望远镜所能观测到的最渺小的星光，将会清晰明亮地呈现在未来人们的眼中。难以想象，未来人类对于宇宙奥秘的探索、对宇宙知识的涉猎将会有多么广阔。更多令人惊奇的发现将会从宇宙中被发掘！

　　当然，除了宇宙飞船外的现象很令人惊讶外，宇宙飞船内也是神奇的景象。未来星际航行的旅客们在出发前几天体验到的前所未有的惊喜，将不亚于火箭窗外的宇宙的神奇而又宏伟的景色。

飞船内的失重现象

　　现在人类根本无法想象也绝不会体验到未来的星际航行者们在宇宙飞船中所体验到的一切。首当其冲便是失重现象，这种现象真的很奇怪。星际飞船中的一切事物与其自身一样都失去了重力。万有引力定律在这里看似已经失去了作用，但如果我们仔细思考就会发现，其实只是我们还没有做好与在地球上截然不同的失重的准备而已。

　　为了更简单地向大家解释这个道理，我们假定星际飞船或者儒勒·凡尔纳的炮弹在宇宙中做自由落体运动。因为外界对宇宙飞船及其内部的物体的引力是相当的，物体不论轻重都会以相同的速度下落，所有的物体和宇宙飞船就会产生一样的移动距离。由此看来，它们都将保持相对静止。你可以想象一下，如果物体和客舱地板都以相同的速度、相同的方向落下，那个物体还可以砸到地板上吗？答案很显然是否定的。

当然，伽利略早就在他的著作《关于两门新科学对话》中对一切落体都是没有重量的这一理论进行过生动描述：

> 因为我们不想让肩负着的重物落下，才会感觉到肩头的重量。如果肩头上的重物和我们以相同的速度做自由落体运动，那么我们就感受不到重物给我们带来的重量，它又如何能压得住我们呢？这就好像我们想要用一根长矛去刺一个人，但他跑得比我们快，那我们又如何刺得到他呢？

其实这个问题本身很简单，道理也很好理解。但就是由于我们不敢相信，不愿意去接受，所以让很多人觉得不习惯。既然这样，那我索性就在这方面多花一些笔墨吧。假定我们现在正处于儒勒·凡尔纳的炮弹内，并且在宇宙空间自由下落。你站在客舱中将手中的铅笔丢下，你认为铅笔理应落在地面上。其实一开始，凡尔纳也没有理解透这个道理，他也是这么想的。可实际上，铅笔将悬浮在空中，根本不会靠近地面。我们在地球上，铅笔在引力的作用下自然会下落，但与

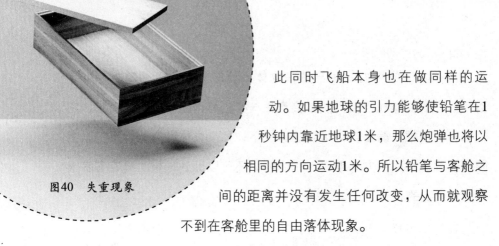

图40 失重现象

此同时飞船本身也在做同样的运动。如果地球的引力能够使铅笔在1秒钟内靠近地球1米，那么炮弹也将以相同的方向运动1米。所以铅笔与客舱之间的距离并没有发生任何改变，从而就观察不到在客舱里的自由落体现象。

这种情况除了会发生在星际航行的客舱中，它在向上升以及在惯性或者引力的作用下向各个方向自由飞行的时候，都有可能发生。当炮弹向上飞行的时候，其本质是在降落，这是由于它在地球引力的作用下速度会不断降低。而这减少的速度的值正是假如炮弹没有向上运动，其速度能够在一定时间内下降的值。当然，飞船中所有的物体都会发生一样的现象。正如《环游月球》那部小说中描绘的那样，一条死狗能够在宇宙空间中随着炮弹一直向前进，完全不会向地球落下，这也是旅客能够从窗外看到的。作者同时指出，这条死狗看似静止，其实是在做与飞船同速度的向上飞行。如果物体在炮弹之外看着是静止的，它在里面又如何不是静止的呢？真理曾经离我们如此近，奇怪的是我们不仅不触碰它，而且直接绕开了。

现在我已想清楚了，在星际飞船内部根本不可能看到物体下落这一现象。当然如果物体在飞船中不会下落，那么它们就不会在支点上造成对下面物体的压力。这就说明星际飞船客舱中所有的物体都将失去重量。

其实这件事情我们应该丝毫不会感到意外或者新奇。打个比方，我们对物体在月球上只会受到向月心的引力，而不会受到向地球的引力影响这件事情毫不奇怪。而我们却不能够理解星际飞船中的物体不向地球降落。其实从火箭停止爆炸并且它的运行轨道和速度仅仅由地球或者其他行星所影响的时候，它就已经变成了一个独立的世界、一颗独立的小行星，虽然它自己的重力非常微小。飞船里面的吸引力可能也就只存在于物体之间以及飞船四壁之间。但我们都知道微小物体之间的引力能够产生的运动是非常缓慢而无法察觉的，这样的吸引力是微不足道的。另外，飞船四壁间的吸引力将更小、更无法察觉。如果飞船本身是一个真正的球体，天体力学证明，这个外壳上任一部分的吸引力都会被所对应的另一边的吸引力所抵消，所以总体呈现出外壳的吸引力为0。

乘客的怀疑

宇宙飞船中的乘客完全可以根据失重的现象来判断是否已经飞出了地球大气层，而根本不用看向窗外。

下面这种疑虑一定会使得乘客在火箭发射前几分钟内感到非常不安，但其实是非常没有必要的，也是毫无意义的：

"我们还在飞行吗，尼克尔？"

尼克尔和阿尔唐没有感到炮弹的运动，他们正面面相觑。

阿尔唐又重复了一遍："我们到底有没有在飞行？"

"现在是不是仍然一动不动地在佛罗里达的地面上？"
尼克尔问。

"有可能在墨西哥湾的海底……"米歇尔补充了一句。

对于星际旅行客舱中的乘客来说，这种怀疑完全不存在。失重的感觉会立刻告知他们是否已经开始飞行，他们想要确定客舱是不是在运动也根本不必眺望窗外。他们会轻而易举地知道自己是否**摆脱了地球的枷锁**，成为一颗引力非常小的行星上的居民。

> 当乘客感受到失重的时候，他们一般会认为飞船已经在太空中飞翔了，或者会认为地球已经失去了对太空舱的引力。其实不论是哪种假设，理论上都是行得通的。

我们已经非常习惯重力与我们寸步不离，不论是在火车中还是在轮船甲板上，在飞机座位上还是在气球吊舱中。这说明人类已经完全接受了重力的存在，并且不能够想象当重力不存在时候所发生的情形。接下来为帮助大家更好地想象重力不存在后客舱将会发生的现象，我将会简单描述一下这样的生活。

太空中的
失重生活

当你在宇宙飞船中想要迈出一步的时候，你就会发现自己的双脚像羽毛一样轻盈，然后向天花板飞去。双脚的一点儿力量就能够支撑起毫无重量的你的身体，并往前移动。这里我们不能说向上飞，因为在没有重力的世界里是不存在上下左右的。然后当你撞到天花板上，因为反作用力的存在你又会被反弹回地面。这种撞击其实是相当轻的，你根本不觉得沉重，也不会感到疼痛，而这样一个轻轻的撞击又可以将你再一次推到天花板上，如此反复。

当你想要停止这项运动的时候，你会发现它本身是无穷无尽、不由自主的。你甚至想通过抓住桌子的一角来停止这样的运动，最终你会发现无济于事，因为桌子本身也是没有重量的，这就导致桌子会和你一同飘起，然后不停地在天花板和地板之间被推来推去。同样的道理，所有你抓住的东西都会产生无休无止的运动。装满书的书橱和盛满米饭的餐具也会底朝天地在空中飘浮，而令人惊讶的是，这其中的书籍和食物都不会撒出来，一点儿都不会掉落。既然这样，我们可以知道，如果在飞船里边没有事先通过绳索或者铆钉把一切所需要用的物体都固定在天花板或者地板上，那么旅客的生活将会是一团糟，陷

入无穷无尽的混乱。

当然还有一点，家具在真空环境中是丝毫没有必要存在的。请读者们思考一下，当人们可以毫不费力地在空中飘浮，那么椅子还有存在的价值吗？显然没有。

同样道理，桌子也不需要存在。因为所有放在桌子上的东西都会在空中飘浮，轻轻碰一下就会飞到很远的地方。所以桌子的存在将会很碍事，需要将其替换成一个夹物体的台子。这个台子是特制的，拥有一个夹钳。

当你想睡觉的时候，你将需要钻入一个特制的睡袋中，否则你在床铺上稍微一动，弹簧床垫就会将你弹到天花板上，你一刻也躺不稳。如果你在睡觉的时候不想在整个客舱里做不必要的旅行，你就需要用皮带将自己捆绑在睡觉的地方，也就是那个特制的睡袋中。自然，在失重的环境下床垫也是毫无意义的了，即使你睡在坚硬的地板上，你也不会感到丝毫的难受，因为你的身体已经没有重量，也不会造成对地板的压力，所以坚硬的感觉都消失了。

除此之外，还有许许多多你根本意想不到的、不平常的事情将会发生在客舱中。打个比方，当你想喝水的时候，你拿起水壶，会发现水根本倒不出来——当重力不存在时，水也就不会向低处流了。懊恼的你尝试着用手敲打水瓶的底部，更加意想不到的事情发生了，一颗巨大的水珠从瓶子里飘出来，它颤抖着在空中飘动。这其实是很正常的，在失重条件下，由于水的表面张力，使得它最终呈现出一个标准

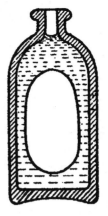

的球体，如 图41 所示。而这
个水滴再撞到客舱玻璃的时
候，就会散开成一个薄层，然
后顺着地板下流，四处散开。因
此，在太空中不适合用玻璃水杯以
及其他玻璃容器，一般是改用橡皮容
器，将水挤出。

图41 左边的瓶子里装的是水，而右边的瓶子里装的是水银。这两个瓶子都是放在没有重力的环境下

　　在星际旅行中，喝水也将与在地球上完全不
一样。你不可以用嘴唇来吸水，如果水不沾湿杯壁的话，它就会形成
一个水球到处乱跑，这个时候你也不能张开嘴去迎接它，因为你稍微
一碰它就会立刻飞走。当然，水沾湿杯壁，也一样不方便，它会一直
贴在杯壁的各个地方，你需要很麻烦地在各个角落舔舐它。

　　在客舱中吃饭的时候需要尤为小心，失去了重力的食物将会轻易
地把你噎住。

　　当然，在客舱中烹饪食
物，难度也十分大。首先，想
要把水烧开就需要花费一整天
的时间。在地球上都有重力的

在太空中
烧水

存在，锅里的水烧得比较快。当底层的水被火加热后，其质量就会减轻，当上层的水重于下层的水的时候就会发生交换，我们眼中看到的就是水的翻滚。这种翻滚是自然发生的，直到水完全沸腾。那么，你想象过从上面来烧水吗？我们可以把烧红的炭块放在锅盖上，你会发现水永远也烧不开，因为受热后的水不会向下翻滚，只会停留在表面。

> 单位质量的某种物质升高或下降单位温度所吸收或放出的热。比热容越大，物体的吸热或散热能力越强。

这样下层的水要升温就只能通过上层水进行传热，而水的 比热容 很大、导热能力比较弱，因此需要耗费大量的时间。我们还可以做个实验，在水壶的底部放上冰块，当在水壶的顶部加热，壶中的冰块竟然不会融化。在太空中烧水就像这样，因为所有的水都失去了重量，受热的时候不会在任何方向上发生翻滚，这样导致如果没有特制的搅拌器参与工作，水就不能沸腾。另外，在太空厨房里烹饪食物的时候，也必须要使用锅盖。因为食用油受热的时候产生具有弹力的气体，立刻就会喷出所炒的菜肴。同样的道理，客舱中暖气的效果也十分有限，没有热气流的流动，很难将热源传送到各个角落。

正如上面所描述的那样，当在太空中打开米袋或者面袋时，也需要格外小心，因为稍不注意面粉和大米就会满天飘扬。

与地球上不同的是，在太空中无法点燃火焰。火焰燃烧需要可燃气体和助燃气体（氧气）。燃烧后产生了水蒸气和二氧化碳，没有气体的流动它们无法被传播到周围，只能固定包裹着整束火焰。这样就

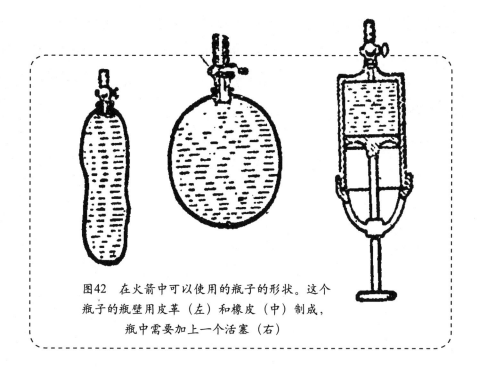

图42 在火箭中可以使用的瓶子的形状。这个
瓶子的瓶壁用皮革（左）和橡皮（中）制成，
瓶中需要加上一个活塞（右）

相当于生成了一个不能燃烧的保护壳，阻隔了所有可燃气体和助燃气体，所以火焰就会熄灭。儒勒·凡尔纳小说中说描绘的在炮弹车厢中安装的煤气灯，在现实生活中是不存在的，客舱上的乘客将处于无边无际的黑暗中。

综上所述，未来的星际旅行中所使用的火箭，必须要安装电灯，厨房中用来烹饪的加热设备也必须用电炉，而不可以用明火。

这些令人新奇的、与众不同的、不平常的生活方式，其实并不是有意为难大家，对大家也没有害处，这是在太空中生活的客观规律。它将使得未来的宇宙航行家改变根深蒂固的地球上的生活方式，

更快适应在宇宙的生活。这些新的生活方式绝对不会成为阻止我们探索宇宙的理由。我们曾经为了研究小小的地球而面临众多的问题，克服了无数的困难，所以人类探索宇宙的时候，绝对不会因为艰难而驻足不前。

Chapter 16
星际旅行
注意事项

　　对于很多不懂的人来说，一提到星际旅行，他们就会认为容易出现很多事故，甚至会给旅客带来生命危险。他们想象着在太空中会遇到各种各样的问题，比如，大量的流星擦肩而过，人类所不能承受的超重和难以习惯的失重环境，宇宙的环境过于严寒，火箭穿过大气层的时候因为高温所发生的熔化，太阳的光线将会破坏火箭飞行的预定轨道，宇宙射线也足以给人带来伤害，等等，甚至更多潜在的危险。他们认为只要碰到这其中任何一个危险，星际旅行就不可能完成。下面我们来详细讨论一下，这些危险真的都存在吗？

火箭会被流星撞击吗

　　我们都知道宇宙中有很多的石头在飞驰，许多人也认为它们将成为未来星际航行中最危险的隐患。每个昼夜，有百万以上的陨石划破天空，它们以每秒几十千米的速度从大气层冲向地球。而正是这样的大气层形成的盔甲，使得陨石摩擦生热而逐渐变小、消失，保护了地球上的人们不受这些天体的轰炸。可是大气层外的宇宙飞船该如何保护呢？流星雨会不会刺穿飞船的外壳，击毁飞船中的设备，导致燃料和氧气泄漏呢？

　　但凡对这方面的问题有所研究的人，就不会对此产生没必要的担心。虽然对地球来说，流星雨非常密集，但是宇宙飞船的面积只有地球表面积的百万万分之一，在这样的条件下，能够击穿飞船的流星将少之又少。这个问题曾经被德国著名的天文学家格拉芙解释过：

> 我们几乎可以不用考虑流星方面的危险。就算在流星非常密集的地区，想要找到一颗质量在1克以下的碎屑，都需要平均100立方千米的范围。而这样一个100立方千米的范围是非常大的，更大一点的流星则需要更大的宇宙空间。这就说明被流星撞到是不会发生的事情。

别的天文学家也曾经有过类似的结论。梅耶尔曾经在他所著的《彗星和流星》这本书里描述道："已经发现1866年狮子座流星群中最密处坚硬的碎屑间隔约110千米。"而对流星也有专门研究的牛顿则认为在流星群中流星之间的距离大约为500千米，正是这个结论，给了奥伯特充分的信心，他认为星际航行中的火箭若想碰到一颗流星，必须在宇宙空间中至少旅行530年。火箭被流星碰

图43　流星撞击火箭的概率很小

撞的概率将比坐汽车发生事故的概率还小。同样，哥达尔教授也得出了这样的结论，他通过自己的计算证实，火箭从地球发射飞往月球途中，被流星所碰撞的 概率 大约为一亿分之一。

苏联曾经发射过3枚宇宙火箭和3颗人造地球卫星，无一例外都没有与流星发生碰撞，这就说明我们曾经高估了流星对火箭的威胁。

寒冷的宇宙空间

宇宙空间中极寒的温度能够低达-270℃，许多人认为这样低的温度将会透过客舱的金属墙壁传导给乘客。他们认为这样极低的温度对人类产生的危害是未来宇宙航行家将要遇到的另一个挑战。

然而这些顾虑都来自于人们的误解。大多数人对宇宙空间的温度的认识是很模糊的，不像物理学家，他们很清楚地明白这层含义。宇宙空间的温度其实是一个 绝对黑体 ，恰恰相反，这种温度是远离了太阳光而且火箭距离行星非常远造成的。宇宙飞船在飞行的时候绝对不会没有阳光的照射。沐浴在阳光中的火箭不断受

这里的绝对黑体是指能够吸收照射到自身的全部光线而不反射的物体。

到太阳能的加热。我们通过计算发现，当距离太阳15000万千米的距离时，一个用金属制成的导热的球体的温度能够达到12℃，火箭状的物体温度能够达到29℃。如果将火箭一面涂成黑色，另外一面保持光亮，那么将黑色的一面面对太阳的时候，火箭温度将高达77℃，而将光亮的那一面面对太阳的时候，温度则可以低至−38℃。这种巨大的温差就来源于火箭面对太阳的不同表面。因此我们可以通过调控不同表面被太阳照射从而调控火箭的温度，实现客舱温度从西伯利亚的严寒到撒哈拉的酷热之间的转变。

过快的速度

很多人觉得星际飞行中火箭运行速度过快也是十分可怕的。其实人类根本感受不到什么速度，可以在任何速度上保持相对静止。打个比方，地球每秒钟将会移动30千米，我们能够感受到这个速度吗？同时跟着太阳还要再加上20千米/秒的速度，我们能感受到吗？都不能。那我们为什么感到难受呢？人类所不能接受的仅仅是速度的变化，这种变化来源于一种速度向另一种速度之间的转变，即力学上的加速度。速度对于我们感官上的影响就像增加了重力或者减小了重力。我们后面将详细

描述这个作用以及在没有重量时的情况。

失　重

有很多人担心，在失重的条件下人类的生活将会一团糟。这种担忧其实是完全没有必要的。就像生活在地球海洋中的生物，它们几乎占了地球75%的动物种类，海洋的环境跟太空是类似的，它们大都处于一个失重的状态下。打个比方，鲸是海洋中最大的生物，当它被放在水面以外，其重量将会把自己压坏。而在水中就完全不一样，浮力使得它巨大的身体的重量降到0，从而维持身体机能的正常运转。人类也是一样，如果我们真正思考一下就会发现，在失重的条件下人们的身体机能一样 完好无损。

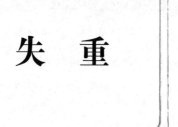

把人倒着悬挂起来将会是致命的这个事实大家都知道，很多人却不懂得其中道理，因此片面地得出结论，认为适当方向的重力将保持人类身体机能正常运作。

"失重就像我们身体直立或者横卧一样，不管是哪种方式都不会对人体产生任何危害。人类与植物是不同的，我们不是只能依赖一个方向的重力，这个事实早已被证明。"奥伯特说。

如果非要说失重对人体会造成什么样的损害，奥伯特认为主要是心理作用。突然进入失重状态的初期，人们会本能地感受到恐惧。此时大脑的运转是正常的，我们的外部感官活动能力依然很强。缜密的思维告诉我们，此时时间仿佛变慢了，有一种失去了痛觉的淡漠感。但不一会儿这种现象就会消失了。中枢神经产生了一种兴奋作用，它让我们对发生的新鲜事充满了好奇，对生命现象保持了高度紧张。最后，虽然人仍然处在失重的环境下，但心理状态却在一段时间之后恢复了正常，如 图44 所示。

图44　人也可以头朝
下喝水

齐奥尔科夫斯基也非常赞成失重对人类的生理不会造成伤害这个观点。他认为，这不需要做专门的实验来证明，因为在地球上，我们日常生活中就经常处于这种状态。

我们在地球表面做简单的跳跃时，在两脚还没有接触地面之前，我们的身体、衣服以及配饰都是处于失重状态的，衣服和配饰都不会对我们的身体造成压迫。

比如，大衣不会增加我们肩部的受重，怀表也不会增加我们手部的负担，这种现象顶多持续半秒钟，但足够说明这不会对人体造成任何伤害。而当我们在泳池中游泳或者在浴缸中洗澡的时候，水的浮力也使我们近乎处于一个失重的状态，这种状态则会持续相对比较长的一段时间。

正在做自由落体的物体其实是没有重量的，所以当人们从高处往下落的时候也是处于一种失重状态，但是并不会对身体造成任何伤害。一般延迟跳伞运动员从飞机上跳下开始算起到实际打开降落伞之间的这段时间将会下落几百米。在这一段下落的时间中，他们仍然保持清醒，但其体重却在不断减少。

另外，被当作肉弹的杂技演员，他们作为炮弹从 大炮 中弹射出去后，在最初的4秒内处于对自己身体毫无影响的失重状态，也不会感到痛苦。

这并不是一种火药大炮，观众能看到的烟雾只是表演效果。

这本书的一些批评者还提出一些错误的想法。他们认为飞船中的空气将不存在任何压力，因为这些空气已经失去了重量。这种想法是错误的，倘若真的这样，那么上一章中描述的现象将不会发生。我们都知道，重量将会使得在地表附近的空气受到压缩并且向周围施压，但其实空气的压力跟它本身是否还存在重量并没有关系。在太空飞船的客舱中，被压缩的空气虽然失去了重量，但仍然保持它的压力。这就相当于将一个已经被压缩的弹簧置于太空中，失重的环境让它失去了重量，但它的弹性依然保持。同样，将一只怀表从地球上带到太空中，它的指针并不会发生变形。所以在密闭空间中的压缩气体也是一样，当它的重量减少到0的时候，其所承受的压力也不会发生改变。当然，空气也可能发生失去压力的情况，那就是让其处于绝对零度的温度下，即-273℃。任何高于绝对零度的温度，都会使所有的气体在真空条件下保持弹性状态。

所以在太空中，空匣气压计所显示的气压与在地面上不会有任何差别，相反，水银气压计将完全不能使用。在太空失重的环境下，水银柱的重量本身也为0，因此这种依靠水银柱本身重量来测量压强的气压计在太空中将完全不能使用。

还有人认为在太空环境下，人类没有办法完成吞咽这个动作。这也是一种谬论，因为吞咽这个动作并不需要重力作用的帮助，整个过程是通过食道的蠕动将食物推送进入胃部。杂技演员能够倒立着喝水，许多动物如天鹅、鸵鸟、长颈鹿等在喝水的时候脖子也是下垂的。整个喝水的过程只需要几分之一秒即可，食道肌肉的收缩能够帮助食物迅速下咽。一般吞咽固态食物需要8～10秒钟，相对较慢一些，但也是依食物块大小来决定的。不过不论是何种情况，都不是重力导致的。

超　重

与失重相反，随着加速度的增大，当重力的增加超过了一定的限度，就会对人产生威胁。

齐奥尔科夫斯基经过实

验发现，动物对超重的忍耐限度都比较大。他曾经用过各种动物做实验，他将动物固定在离心机上，通过离心机的旋转给予它们超重的倍数，研究发现即使螳螂的重量增加到自身重量的300倍、小鸡的重量增加到自身重量的10倍，它们依然能够健康存活。这个实验结果也在1930年被 证实 。

> 见雷宁编著的《喷气飞行原理》一书中"加速度对动物的作用"一章。其曾用螳螂、蜣螂、牛虻、苍蝇、鲫鱼、青蛙、黄雀、鸽子、乌鸦、家鼠、兔、猫来做实验。实验结果表明，昆虫能够承受超过自身2000倍的重量而毫发无损，而青蛙和猫分别能承受自身重量的50倍和20倍，实验时间为1～2分钟。

所以得出结论，人类承受自身重量的2倍将是不费吹灰之力的。一般而言，飞机在急剧俯冲降落的时候超重将达到自身重量的3~4倍，也曾经有过超重7倍的情况，但持续的时间很短，只有几秒钟，飞行人员仍然毫发无损。

现在科学家研究发现，人在不同的方向能承受的超重程度不一样。从头到脚的方向最多只能承受6倍体重，即60米/秒²的加速度；而横向来说，人能够承受8～9倍的体重，即80～90米/秒²的加速度。实际上，人类能够承受的极限加速度并不能完全决定星际旅行中能够采用的最大加速度，而关键取决于人能够承受加速度的时间长度，这至少需要承受200～600秒。

麦克司·瓦里叶也认可这样的结论。他曾说过："人类在几分钟之内承受3～4倍超重是完全没问题的，特别是在横着的方向上。"这段话发表在他的一篇名为《医学和星际航行》的文章中。因此，在火箭发射的时候，人类可以躺在一张柔软的床上，这样身体就会有更多的接触面积，得到支撑。

当然，在做加速度很大的飞行
之前，一定要进行实验，否则过高
的加速度对心肺能力的损伤是巨大

目前研究发现，如果想要忍受10～12倍的超重，完全可以在起飞的时候横卧在一张可以翻开的折叠椅上，采取半卧的姿势即可。

的，这些基础生命机能器官一旦受到伤害，将很难运转起来。而这种人体超重的实验，可以利用特别搭建的旋转塔来操作，通过改变转速就能够给予比正常的重力高出不同倍数的离心力。

1928年做的一个关于人类离心力作用的实验非常有意思。我需要提醒大家的是，重力给人体造成的压力和离心力给人体造成的压力是一样的。

整个实验在旋转塔上进行，实验人重心距离旋转轴2.3米。在实验过程中，参与实验的人需要在不同情况下对自己进行观察。旋转塔的转速达到24转/分钟时，人所承受的加速度将达到原来重力加速度的2.3倍，即离心加速度与重力加速度的合加速度为23米/秒^2。此时，人体的思维感觉和身体状况都没有发生什么变化，心脏、呼吸器官以及大脑等的机能也完全正常。唯一有所变化的就是手和脚感觉对外壁的压力增加，而且只有用手支撑着才能将头抬起来，如果将头侧转，两边脸颊的肉就会下垂。

当加速度达到正常重力加速度的4.3倍的时候，转速已经较快了。此时，心脏等器官依然运转良好，外界感知一切如旧。人会觉得自己的衣服重了很多，身体变得格外沉重。由于旋转塔所能达到的速度有

限，没有进行更快的旋转速度实验。人体能感知到的对外壁的压力显著提高。

大气的阻力

还有人有这样的担忧：当火箭穿越大气层回到地球的时候，它仍然在使用宇宙速度飞行，那么大气层的摩擦将会导致火箭外层温度急剧升高。

图45　火箭与大气层摩擦

温度的增加会导致火箭与流星有相同的命运，即整个飞船将会被烧红、熔化，最终汽化。虽然这样的想法看起来后果非常严重，但实际上它是缺乏依据的。

其实火箭在穿越大气层的时候并不是完全使用宇宙速度。之前我们介绍过，只有当火箭运行到距离地面1666千米的高空时才获得它的最大速度，即宇宙速度。在这种高度下，火箭其实早已离开了大气层。也就是说，在大气层最密集的部分，火箭是以很小的速度穿越的。

我们再举一个具体的例子，火箭在从地球上发射飞向月球时，在距离地表1千米、2千米、5千米、10千米、15千米、20千米、30千米高度处分别能够达到250米/秒、350米/秒、550米/秒、770米/秒、950米/秒、1100米/秒、1350米/秒的速度。数据显示，火箭在大气层最密集的地方速度其实很小，而在大气稀薄的地方速度才逐渐增大。

而在火箭返回地球时，起初都是在大气层外，按照严格计算出的螺旋曲线运行。之后进入到大气层内运行的时候，速度已经降到很低了。因此，就能安全保证火箭在通过大气层的时候不会熔化。

宇宙射线和紫外线

除此之外，还有一些人认为宇宙中的射线也将置人于死地，是星际旅行中非常致命的

危险之一。但其实这种效果也是被刻意夸大了。柯尔赫斯忒教授是宇宙射线研究领域的专家，他明确表示宇宙射线置人于死地的言论是极度不负责的。

匹卡德教授也持相似的观点。因为地球大气层对各种宇宙射线具有吸收作用，所以匹卡德教授曾在1931年做过一次著名的高空实验，以研究大气层对宇宙射线的吸附程度。他曾经上升到了16千米，在这样的高空中宇宙射线显然比高度在9千米的大气中要大。可是无论在哪种高度下，所监测到的宇宙射线的强度都不足以对人体造成伤害。匹卡德教授选择将实验上升到16千米的高度，就是为了将90%的大气留在下面，所得出的结论也更接近宇宙，毕竟再往太空方向走，宇宙射线的强度最多也只能增加10%了。

> 目前的研究结果显示，在高空中宇宙射线的强度高于地表不仅仅是由于大气层对宇宙射线有强烈的吸附作用，地球的磁场也会对其产生影响。

瑞根纳尔教授在1932年也做了类似的实验。他将测量气球上升到了距离地面20千米的高度，在这个位置记录宇宙射线强度的机器测出的结果与上述结果吻合。

因此，宇宙射线对星际旅行中的人类会造成危害的说法毫无根据。

而对紫外线来说，虽然在极高的空中，人们会失去大气层的保护，但是星际飞船的金属外壳依然可以作为保护层，大大削弱紫外线的强度，使其不对人体造成伤害。

光线的压力

另一个匪夷所思的担忧来自于人们对光线的压力的看法。作为一个天体，宇宙飞船与其他的行星相比是非常小的，那么来自恒星的光线会不会破坏宇宙飞船呢？有人认为来自太阳的光线会推翻科学家之前的一切计算，把设计好的轨道彻底打乱。

其实我们大可不必担心。我们来做个简单的计算，在太阳照射下，一枚重量为5吨，光照面积达到50平方米的火箭，光压产生的加速度仅仅为0.000004厘米/秒^2。这样小的偏差，使飞船在一昼夜中速度的改变还不超过2毫米，这将丝毫不会妨碍到飞船的运行。担心这点是毫无意义的。但是因为在旅行过程中或多或少还是有一些能量的损失，所以火箭仍然需要配备部分原料。

迷路的危险

在星际旅行中会不会迷路呢？毕竟宇宙空间如此广阔，方向稍有偏差就可能飞往另一个星球。打个比方，从地球上

发射飞往月球的火箭，真的能降落在月球上吗？从地球上来看，月球只是一个非常小的靶，其视角也就只有半度。所以方向的偏差是很有可能的。

其实这种担忧也是毫无必要的。就拿从地球上向月球发射火箭来说，月球这个靶子并不是那么的小，它是一个很特殊的靶子：月球本身就有引力，为了使火箭能够顺利抵达月球，我们只需要将火箭发射到月球引力超越地球引力的界限就可以了。

这个界限是一个距离月球中心40000千米的、包围着整个月球的球面。这么说来，我们的目标是一个直径80000千米的球，而不再是直径3500千米的月球了。那么，从地球上来看它的视角将达到11.5°，这是月球的23倍。如果"射击月球"相当于在距离直径1米的圆靶115米处开始射击，那"射击月球的界限"就等于在距离直径1米的圆靶仅5米处开始射击，在这样的条件下 射偏的概率 是很小的。

> 苏联发射人造卫星准确度非常高，发射由自动设备控制，并且能够准确地将卫星送到预定的轨道。

对于可能迷路这一说法，我们需要注意的是，当火箭离开大气层的时候，就进入了毫无摩擦力的外太空。就如同天文学家能够准确地预告日食和月食的现象一样，火箭的运行也能够完全准确地进入预定轨道，按照天文学家所精确计算的那样。偶尔出现的极微小的错误可能产生不可预见的后果，也是可以通过火箭驾驶员的调控及时纠正的。火箭中所储备的燃料足够完成这样的操作。

另外，火箭根本不可能被其他行星所吸引，因为其他行星离地球的距离太远，对火箭能够产生的影响微乎其微。火箭的质量即使非常微小也丝毫没有影响，因为引力的大小主要取决于天体本身的质量。

尾　声
迈向宇宙时代

现在来看，星际旅行的问题虽然没有全部解决，但是也已经解决了大部分。这里的解决是指从物理学，尤其是力学的理论角度来看，而在实际操作中仍然有很多的技术等待研发。

未来星际旅行的根本依据将是现代的物理学和力学原理。星际飞船的雏形来源于火箭，它是利用反作用力向前推进的。牛顿曾经预言过，如果未来人类实现了星际旅行，那么一定是通过反作用力来推动飞行器的。现在已经确认无疑，未来人类将利用巨型火箭作为代步工具实现星际间的来往，那时人类将正式迈入宇宙时代。

牛顿所发现的万有引力定律告诉了我们到底是什么力量吸引着人类留在地球表面，而他发现的另一条定律将指引我们如何摆脱地球的束缚，进入太空中探索无边的宇宙。

附 录

附录1 引力

下面我们利用牛顿的万有引力定律和一些力学规律的简单计算来验证第一章引力的作用。所需要掌握的知识仅到初等代数即可。之前力学上用"达因"这一测量单位来表示使质量为1克的物体每秒加速1厘米所需要的力量。我们都知道在地球的引力下，重量为1克的物体做自由落体运动，每秒钟约增加1000厘米的速度（实际为9.8米）。所以地球对这个重量为1克的物体的引力为1000达因。因此，我们获得达因在重量单位上的换算：$\dfrac{1}{1000}$克=1达因。

此外，我们已经知道了引力常数，是指两个重量都为1克、间距1厘米的圆球之间的吸引力为$\dfrac{1}{15000000}$达因。

由此，我们根据牛顿的力学定律就可以算出两个相距1米的人之间互相的吸引力。我们假设两人的质量均为65千克，依据牛顿定律，他们间相互的引力与两人质量的乘积成正比，与距离的平方成反比。所以他们互相之间的吸引力为 $\dfrac{1}{15000000} \times \dfrac{65000^2}{100^2} \approx 0.028$ 达因，约 $\dfrac{1}{40}$ 毫克。

　　采用上述方法，我们可以计算出两艘间距为1千米的战舰之间的引力。如果每艘战舰的质量为25000吨，距离为100000厘米，那么，两者之间的引力为

$$\dfrac{1}{15000000} \times \dfrac{(25000000000)^2}{100000^2} \approx 4200 \text{达因，约4克。}$$

附录2 自由落体运动中的 失重情况

很多人都会惊讶于在自由落体运动中物体的重量为0，他们甚至认为这种结论似是而非，是一种物理学的诡辩。因此，我们需要通过几个实验来验证它的准确性。

最著名、最早的相关实验是科学家莱布尼兹做的。他使用的是一个天平，天平的左边盘子上悬挂一根很长的管子，管子中灌满了水并且在水面上放了一个金属小球。这个金属小球是中空的，需要用塞子塞紧球上的孔洞。然后调节天平右侧托盘上的砝码，让整个天平处于平衡状态。接着，打开中空小球的塞子，使水逐渐充满金属小球，最终小球沉到了水底。令人惊讶的事情发生了，左侧的托盘质量明显减轻，此时右侧放砝码的托盘逐渐下沉。

1892~1893年，著名物理学家刘彼莫夫教授也做了一些这方面的实验。下面将介绍其中几种：

●将一个坚硬的摆锤通过一个硬杆悬挂在竖直的木板上，我们将摆锤拨向一边并且用销子固定，此时摆锤呈现倾斜的状态。然后，立刻将固定摆锤的销子拿去，让摆锤与木板同时落下。我们会惊讶地发现在落下的过程中，摆锤与木板将时刻保持倾斜的状态，并无摆动的趋势。

●还是用这块板子，我们将板子上装一个倾斜的玻璃管，并且在倾斜的玻璃管上端放上一个沉重的小球。小球用销子固定住。我们在抽走销子的同时让整个木板与之一起下落，那么小球依然保持在管子的顶端，并不会滚动到管中。

●我们将一块磁铁安装在板子上，然后在磁铁下方的小台子上放上一片铁片。此时铁片不能被磁铁吸引。当我们让铁

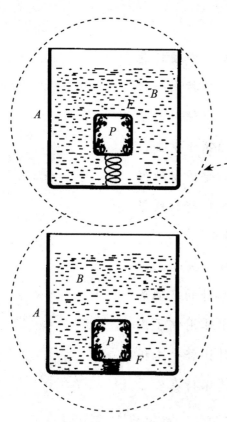

图46 在下落系统中，阿基
米德原理不复存在

片、木板和磁铁同时下落的时候，铁片就会被磁铁吸住。

●阿基米德原理在整套容器下落的时候将会失去它的意义。如图46所示，我们将一个软木塞装在盛水的容器中，并且用一个弹簧固定住它，以防止水流将其冲到水面。当容器和塞子一同下落的时候，因为水的压力不复存在，那么从下而上的压力都没有了，塞子将会下沉。

与之相关的还有一件趣事：当液体遭受大气压力的作用并且下落时，它从容器中流出的路线将是直线，绝非弯曲或者抛物线等曲线。

　　刘彼莫夫曾经说过，类似的现象同样可以在沿面下滑的系统或者做往复摆动的系统中观察到，并不仅仅存在于下落系统中。在做这种沿面下滑的系统或者做往复摆动的系统实验时，观察人本身可以通过类似荡秋千、从小山坡滑下等实验设计来亲身参与。这样的现象观察将更有说服力。设计让人可乘坐观察的自由下落系统也很简单，但要注意，下落到地面的时候速度要足够慢，防止出现撞击。